U0177613

【美】马丁·加德纳◎著

谈祥柏 谈 欣◎译

Martin Gardner

马丁·加德纳数学游戏全集

Knots &
Taxicab Geometry
The Last Recreations

纽结与
出租车几何学

上海科技教育出版社

图书在版编目(CIP)数据

纽结与出租车几何学/(美)马丁·加德纳著;谈祥柏,谈欣译. —上海:上海科技教育出版社,2020.7
(马丁·加德纳数学游戏全集)
书名原文:The Last Recreations
ISBN 978-7-5428-7245-6

Ⅰ.①纽… Ⅱ.①马… ②谈… ③谈…
Ⅲ.①数学—普及读物 Ⅳ.①O1-49

中国版本图书馆CIP数据核字(2020)第055797号

谨以此书献给佩西·狄康尼斯

感谢他对数学与魔术所作的杰出贡献；
感谢他坚持不懈地反对通灵术等伪科学；
思念我们在曼哈顿一起度过的美好岁月，
以及我们之间的永恒友谊。

目　录

序 言

  我的最大乐趣之一是为《科学美国人》杂志撰写专栏文章，这几乎成了我的专利，从1956年12月有关六边形折纸的一篇文章开始，直到1986年5月刊出的最小斯坦纳树，长达30年之久。

  对我来说，撰写这一专栏是个了不起的学习过程。我毕业于芝加哥大学，主攻哲学，并没有读过数学专业，但我一贯热爱数学，当时没有把它作为专业，时常后悔不已。读者只要对这个专栏早期刊出的文章粗略地瞥上一眼，就不难看出，随着我的数学知识不断长进，后期的文章显得更加成熟得多。令我更难忘怀的是因此而结识了许多真正杰出的数学家，他们慷慨无私地提供了宝贵资料，成为我的终生至交。

  本书是第15本，也是最后一本集子。同这系列的其他各本书一样，我已尽了最大努力去改正错误，扩展知识，在本书结尾处增添补充材料，追加插图，力求跟上时代步伐，并提供更详尽而充实的、经过郑重选择的参考文献。

马丁·加德纳

第 **1** 章
平面宇宙的奇迹

平面宇宙科学家的教养是非同寻常的。

——窦德尼
（Alexander Keewatin Dewdney）

目前任何人都知道唯一存在的宇宙就是我们生活在其中的宇宙,有着三维空间与一维时间。不难想象(例如许多科幻小说作家所描写的那样),智能生物能够生活在四维空间中,但是二维空间所能提供的自由度实在太有限了,因而人们历来认为,不可能存在有智慧的二维空间生物。尽管如此,描述二维生物的作品,在以往已经有过两个著名的例子。

1884年,伦敦的一位教士、男修道院院长阿博特(Edwin Abbott),出版了他的讽刺小说《二维国》。不幸的是,读了这本书之后,读者对于二维国的物理定律与该国居民所开发的工程技术几乎是两眼一抹黑。不过,当欣顿(Charles Howard Hinton)的书《二维国逸事》在1907年公开出版以后,情况有了很大的改善。尽管用了平铺直叙的写法,硬纸板般木头木脑的人物,欣顿的故事还是让人们粗略地窥见了二维世界中可能出现的科学技术。遗憾的是,他的这本怪书早已脱销,而且不再重印。不过,你们可以在我的著作《意料之外的绞刑和其他数学娱乐》(西蒙和休斯特公司,1969年版)的“二维国”一章中读到有关材料。

我在“二维国”一章中写道:“在一个二维世界中将会有何等模样的二维空间物理以及各种可能的简单机械装置,进行这样的探索是很有趣的。”

这些话引起了西安大略大学①的一位计算机科学家窦德尼的注意。他在这个课题上的一些早期探索曾于1978年在大学里做过一次学术报告,并且于1979年在《游戏数学杂志》(第12卷1期16—20页,1979年9月号)上发表了文章《探索平面宇宙》。后来,在1979年,他又自费出版了一本97页的精心杰作《二维空间的科学技术》。虽然人们很难相信,但窦德尼确实为他所谓的平面宇宙(一个可能存在的二维世界)奠定了基础。它自有一套完整的化学、物理、天文、生物规律,这些自然规律同我们的宇宙(他称之为立体宇宙)十分类似,而且显然没有任何内在矛盾。我必须在此加上一句话来略表我的敬意:对已经有30多篇论文发表在专业杂志上的一位严肃的数学家来说,这一引人注目的成就确实是一种有助于调剂身心的业余爱好。

同欣顿一样,窦德尼的平面宇宙也有一个"地球",名叫"阿斯特利亚"(Astria)。阿斯特利亚是形状像碟子的行星,在二维空间里转动。在行星边缘上直立行走的阿斯特利亚人能够分清楚东、西、上、下。当然,在那里是没有南北的。"阿斯特利亚星"的轴是一个点,正好位于圆形行星的中心。你们可以把这一扁平行星设想为真正的二维物体,在两个没有摩擦力的相距极小的平面之间运动。

同我们的世界类似,在平面宇宙中,两个物体之间的引力与它们质量的乘积成正比,但同它们之间的线性距离成反比,而不是与距离的平方成反比。如果假定平面宇宙中的光、引力……都走直线,那就容易看出,这种力一定是与线性距离成反比的。大家熟悉的教科书上的插图告诉我们,光的强度与距离的平方成反比(见图1.1的上半部分),而平面宇宙中,相应的图形见图1.1的下半部分。

为了使他的异想天开的设计不至于"堕落到荒唐无稽的猜想",窦德尼

① 在加拿大安大略省。——译者注

4

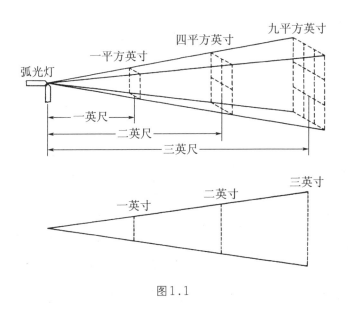

图1.1

采用了两个基本原理。首先是"相似原理",即:平面宇宙必须同立体宇宙尽量相似。譬如说,没有受到外力影响的运动应该走一条直线,球的二维类似物是圆,等等。其次是"修正原理",如果必须在两种互不相容的假设中选择其一,而这两种假设与它们的三维类似物又都非常相似,这时就必须选择更为基本的假设,改变另一种。为了判别哪种假设更为重要,窦德尼所依靠的等级体系是:物理比化学更基本,化学比生物更重要,如此等等。

为了说明各门学科所起作用的大小、轻重,窦德尼以平面宇宙中起重机的演变为例(见图1.2)。开始时,设计它的工程师把吊臂定得比图上的要单薄一些,后来冶金学家向他指出,平面材料要比它的三维同类更加脆弱易碎,工程师听了觉得有理,就把吊臂加宽了。后来,一位理论化学家更深刻地应用了相似原理与修正原理,通过计算,发现平面宇宙的分子力实际上远比原先想象的强得多,于是,工程师又重新回到了原来的设计图,采用比较单薄的吊臂。

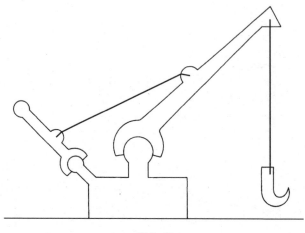

图1.2

相似原理促使窦德尼把平面宇宙看成是包含着物质(分子、原子以及基本粒子)的三维时空连续统,能量由波来传输,而且是量子化的。各种波长的光全部都存在,可用平面透镜来折射,从而使平面宇宙中的人眼、望远镜、显微镜统统成为可能。无论平面宇宙还是立体宇宙,在某些基本规则方面是一致的,例如:因果关系;热力学第一定律与第二定律;有关惯性、功、摩擦力、磁与弹性……的物理定律。

窦德尼假设他的平面宇宙也从大爆炸开始,目前正在膨胀之中。根据引力与线性距离成反比的定律所作的简单计算表明,不论平面宇宙中存在多少物质,扩张过程最终必然会停止,然后开始逆转,由扩张变为收缩。阿斯特利亚星的夜空当然是个半圆,上面散布着无数闪烁的光点。如果这些星体作有规则的运动,它们彼此之间势必将不断互相遮掩。如果阿斯特利亚星有一颗姐妹行星,那么它将在一段时间内使天上每一颗星一个接一个地发生"星食"。

我们不妨假定阿斯特利亚星环绕着一个太阳旋转,从而生成白天和黑夜。窦德尼发现,在平面宇宙中能连续地画出同样路径的唯一稳定轨道只能是一个完整的圆。形状略像椭圆的其他稳定轨道也有可能出现，但椭圆的轴在不断转动，从而使轨道永远做不到完全闭合。至于平面宇宙里的引力作用能否允许一个月亮沿着一个稳定轨道绕着阿斯特利亚星转，则是一个悬而未决的问题。困难在于太阳的引力。要解决这个问题，必须把我们的天文学家所熟知的"三体问题"作降维处理，踏踏实实地作一番研究才行。

窦德尼用地球上的季节、风、云、雨作为模拟手段，详细分析了阿斯特利亚星上的天气。在这颗行星上，河流与湖泊是无法区分的，只不过前者的水流更急。阿斯特利亚星的地质学与地球显著不同，它有一个显著特征：水不能绕过岩石的边缘流动，结果使雨水不断地在岩石后面的斜坡上蓄积起来，形成一股强大的推力，把石头推下山去。坡度越陡，积水越多，推力也就越大。窦德尼的结论是，周期性的降水最终会使阿斯特利亚星的表面变得异常平坦与均匀。阿斯特利亚星上的水不能向旁边流动的另一后果是，它将流入土地空隙，从而在行星的凹陷部位形成大面积的流沙。窦德尼写道，人们希望阿斯特利亚星上不要经常下雨。由于风也同雨一样，不能"绕过"物体，所以它在这个行星上造成的后果远比地球上严重得多。

窦德尼用许多篇幅为他的平面宇宙构建了一种貌似有理的化学，它的模型最大限度地参照了三维空间的物质与量子力学的规律。图1.3是窦德尼为前16个平面宇宙元素所制定的"周期表"。其中前2个元素同我们世界中的对应元素实在是太相像了，因而它们的名称也叫做氢和氦。其后10个元素的名称是复合的，用它们最类似的立体空间中的两种元素来命名。例如，litrogen（锂氮）就是lithium（锂）与nitrogen（氮）的组合。继续再往后的4个元素的命名则是为了纪念欣顿、阿博特以及欣顿的长篇小说中两位青年情侣沃尔（Harold Wall）与卡特赖特（Laura Cartwright）。

平面世界中，原子与原子自然可以结合为分子，但化学键只可能是用

原子序数	元素名称	化学符号	电子层分布								化合价
			$1s$	$2s$	$2p$	$3s$	$3p$	$3d$	$4s$	$4p$	
1	Hydrogen(氢)	H	1								1
2	Helium(氦)	He	2								2
3	Litrogen(锂氮)	Lt	2	1							1
4	Beroxygen	Bx	2	2							2
5	Fluoron	Fl	2	2	1						3
6	Neocarbon	Nc	2	2	2						4
7	Sodalinum	Sa	2	2	2	1					1
8	Magnilicon	Mc	2	2	2	2					2
9	Aluphorus	Ap	2	2	2	2	1				3
10	Sulficon	Sp	2	2	2	2	2				4
11	Chlophorus	Cp	2	2	2	2	2	1			5
12	Argofur	Af	2	2	2	2	2	2			6
13	Hintonium	Hn	2	2	2	2	2	2	1		1
14	Abbogen	Ab	2	2	2	2	2	2	2		2
15	Haroldium	Wa	2	2	2	2	2	2	2	1	3
16	Lauranium	La	2	2	2	2	2	2	2	2	4

图1.3

平面图表示的(这个结果也从既有事实模拟而来。譬如说,在立体化学中,交叉的化学键是不存在的)。同我们的世界类似,两个不对称分子可以互为镜像,因而任何一个分子都不可能"翻过身来"与另一个分子重合。在平面宇宙中,化合物与晶体的结构和性状与三维中的情况存在着许多惊人的类似性(请参看1973年5月《科学美国人》杂志上发表的J.G.Dash的论文《二维物质》)。在我们的世界里,分子可以形成230个不同的晶体结构群,但在平面宇宙中,只能形成17个群。窦德尼对分子扩散、电磁定律以及类似麦克斯韦方程的法则等等也有许多论述,但这些材料比较深奥,过于专业化,我只好割爱,一概从略。

窦德尼假设阿斯特利亚星上的动物是由细胞聚合成骨骼,肌肉,组织……层层发展而来,其情形一如立体生物学。他在说明这些骨骼、肌肉如何缔合起来,形成生理上的运动部件时几乎没有什么困难,把动物爬行、行走、游泳、飞翔的道理说得一清二楚。实际上，某些动作在平面宇宙中实施起来甚至比在我们的世界里更加容易得多。例如，长着两条腿的立体动物在走路时要维持身体平衡是有点难度的，但是在平面宇宙中，如果某一动物有两只脚立在地上，那么他是根本不会跌跤的。另外，会飞的平面宇宙动物不可能长翅膀，它的飞行也不需要翅膀；如果动物的身体是流线型的，就能起到翅膀的作用（因为空气在平面上就能绕过它）。飞行中的动物摆动尾巴，就能向前推进。

计算表明，比起地球上的动物来，阿斯特利亚星上动物的新陈代谢率可能要低得多，因为相对而言，通过它们身体周长所散失的热量较少。另外，这颗星上动物的骨骼要比地球动物单薄些，因为要支撑的体重较小。当然，任何一个阿斯特利亚动物都不可能有一个从嘴巴通到肛门的敞开的管道，因为，如果真的有这种东西，它将被一分为二。

惠特罗（G.J.Whitrow）在其著作《宇宙的结构与演化》一书的附录里（哈普出版社，1959年）宣称，由于两个维度对神经元连接所施加的严格限制，二维空间中不可能出现智能生物。他写道："在三维或更高维的空间里，任意数量的神经元都可以成对地相互连接，不需要在接口处交叉，但在二维空间中，可能作此类连接的神经元最多只有4个。"不过，窦德尼却毫不费力地推翻了他的这种说法，指出如果允许神经元通过"交叉点"发射神经脉冲的话，它们所形成的平面网络，在复杂程度上并不亚于立体网络。然而，由于在二维网络中，神经脉冲将会遇到更多的麻烦与中断，因而二维动物的思维要比三维动物缓慢得多（二维自动机理论中有许多结果可用来对比）。

窦德尼绘声绘色地描写了阿斯特利亚星上雌性鱼的身体解剖。在它的两个尾部肌肉之间夹着一个囊，它的未受精卵就可以放入其中。这种鱼的骨头长在身体外侧，营养物质则可经由内部的食物气泡来提供。对一个孤

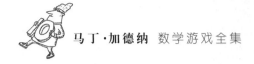
立细胞来说,食物的进入需要通过一个每次只开一个口的膜才能办到。如果细胞同别的细胞连在一起,就像在一个组织中那样,便可以同时有许多个开口。因为周围的细胞能使它保持完整。作为三维空间的动物,我们人类当然能够洞悉鱼或其他二维生物的一切内部器官的形状与作用,正如一个四维动物能看透我们的五脏六腑一样。

在描绘阿斯特利亚星上人类的形象时,窦德尼追随了欣顿的做法:"人"有两只手,两条腿,还有三角形的身体。不过,欣顿笔下的阿斯特利亚人,老是一成不变地面对着同一方向:男人朝东看,女人朝西看。不管是男是女,他们的手总是长在前面,在三角形靠近顶部的地方有一只眼睛(见图4的左边)。窦德尼想象中的阿斯特利亚人则略有不同,他们都是左、右两侧对称的,每一侧各有一只手,一条腿和一只眼睛(见图1.4的中间)。因而这些阿斯特利亚人像地球上的鸟类与骡马一样,可以看到相反方向的事物。不言而喻,在这颗行星上,一个人要想越过另一人,只能从他的头上"爬"或者"跳"过去。对于阿斯特利亚星上的长着暴突眼的怪物,我想它的模样该如图1.4的右边那样。这个怪物的四肢既可当手,又可当脚用,取决于它往哪里去,而它的两只眼睛起到了双筒望远镜般的视觉效果。只有一只眼睛的阿斯特利亚人看到的主要是一维的视觉世界,这使得他对事物的感知相当狭隘。另一方面,平面宇宙中的部分物体可以通过它们的颜色来区别,而由于眼睛透镜的聚焦作用,将会造成物体纵深方面的错觉。

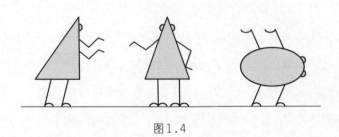

图1.4

在阿斯特利亚星上建造房屋或在私家园子里割草所需的工作量比地球上要少,因为涉及的物质数量要少得多。然而,正如窦德尼所指出的那样,二维世界中仍然有着可怕问题亟待解决。"为了支持养育生命的植物与动物,行星的表面绝对是必不可少的,然而,明摆着的事实是,一旦受到侵害,阿斯特利亚星非常小的表面将会遍体鳞伤,势必将造成行星生态平衡的毁灭。譬如说,在地球上,我们建造高速公路,不过占用几亩肥沃农田,造成的损害只是一个极小的百分数。但是,在阿斯特利亚星上造高速公路,情况就完全不一样了。它所经过的地方,所有的耕地面积将悉数遭到破坏……类似地,扩张的城市将很快耗尽阿斯特利亚星上的乡村和田野。看来,阿斯特利亚星上的技术文明社会只有一种选择:转入地下。"图1.5展示了一个典型的地下民居,有一间起居室,两间卧室和一间储藏室。可以折叠起来的桌椅储藏在地板的凹陷处,使房间显得宽敞,便于行走。

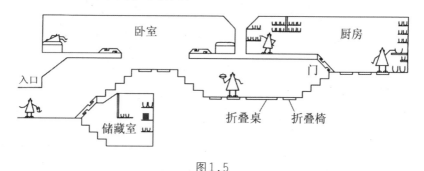

图1.5

三维空间中的许多简单机械或工具都可以在阿斯特利亚星上找出它们的类似对应物,其中包括棍棒、杠杆、斜面、弹簧、铰链与绳索(见图1.6的上半部分)。轮子可以在地上滚动,但没有办法把它们安装在固定的轴上,螺丝不可能存在,绳子不能打结,根据同样的理由,它们永远不会缠结得解不开。为了保持管道的两壁在合适位置,大小管道都必须有隔断装置。隔断装置必须能够打开(但不可以同时全部打开),以便让固体、液体、气体等通过管道。值得注意的是,纵然有着如此之多的严格限制,仍有许多平面机械装置被人们造了出来,而且颇有实用价值。图1.6下便是窦德尼设计的自来水龙头。开启时要将把手柄提起,这样一来就会把阀门从喷口所在的墙上拉开,把水放出来。放下把手柄时,弹簧会使阀门恢复原状。

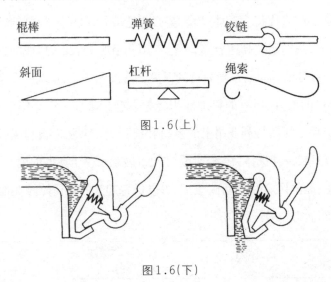

图1.6(上)

图1.6(下)

图1.7的装置可用来启、关闭一扇门(或一堵墙)。把右面的杠杆往下拉,迫使底下的楔形物向左移动,从而使门绕着顶部的铰链向左右转动(带着楔形物与杠杆)。与此类似,把另一支杠杆推上去可在左边开门。只要把杠杆朝适当的方向移动,就可以或左或右地把门放下来,并使楔形物恢复到原位以使墙壁稳固。这个装置与上文所提到的水龙头都必须使用经久耐用性能优异的平面铰链:能在凹穴中自由转动、但是不会脱落的圆形突出物。

图1.8画的是平面宇宙中的蒸汽机,它的作用原理大体上与立体世界的蒸汽机类似。高压蒸汽通过滑动阀门(作为容器的一壁)进入蒸汽机的汽缸(图1.8上部)。蒸汽压力把活塞推向右侧,从而使蒸汽逃进上面的储气

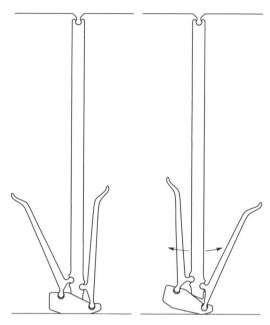

图1.7

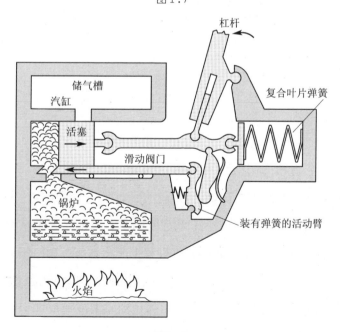

图1.8

13

槽。随着压力的降低,汽缸右边的复合叶片弹簧迫使活塞返回左侧(图1.8下部)。蒸汽逸入储气槽后,滑动阀门使它关闭,但当活塞移回时,它将被一只装有弹簧的活动臂拉向右侧而重新打开。[见图1.8(续),注意图中的箭头方向]。

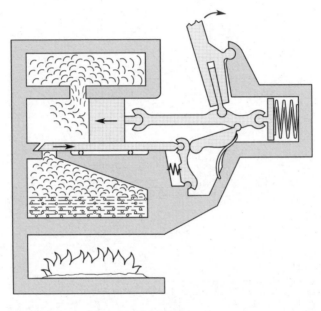

图1.8(续)

图1.9所画的则是窦德尼精心设计的用钥匙开门的机械装置。这种平面锁装有三根开槽的制动栓(a),一旦把钥匙插进去,三根制动栓就被略微推向上(b),钥匙继续向里面推进时,制动栓的下一半就会像一个整体似的动起来(c)。钥匙的推力通过杠杆臂传到主动门闩,后者又把从动门闩推下去,直到门自由移向右侧为止(d)。杠杆臂上的横木与从动门闩上的唇形附件可使不法分子的撬锁意图难以得逞。在开启门户,取出钥匙之后,叶片弹簧足以使锁的各个部件(杠杆臂除外)回复到原来位置。关门时,将会撞击杠杆臂上的横木,使这个附件同样恢复原状。这种平面锁真的可以在立体

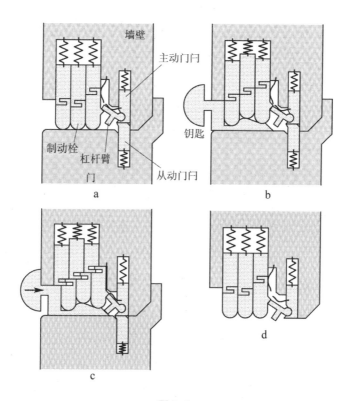

图1.9

世界中应用;人们只要把钥匙插进去,不必转动它,就能把门打开。

窦德尼写道:"人们将会产生出一种有趣想法:由平面宇宙的环境所导致的异乎寻常的新的设计将促使我们认真地思考有关的机械装置,能否用一种完全不一样的新奇办法来解决某些老问题?倘若真的能找到对立体世界也有实际应用可能的新设计,那么可以肯定地说,它在节省地面、节约空间上无疑是极有价值的。"

平面宇宙中数以千计、具有挑战性的机械设计问题至今仍未解决。譬如说,窦德尼一直在怀疑,能否设计出一个利用扁平弹簧与橡皮带子的、可以上紧发条的二维机器来蓄能?对平面宇宙中的钟表、电话、书本、打字机、

汽车、电梯与计算机等来说,什么样的设计最有效?是否存在某些机器需要装上轮、轴的代用品?是否有什么需要用电的机器?

如窦德尼所说,为"既与我们相似、又同我们截然不同的宇宙"设计机械装置当然会有一种奇妙的乐趣。正如他所说:"从为数极少的假设出发揭露出许多现象,会给人一种感觉:二维世界是独立存在的。人们将发现自己正在自觉或不自觉地谈论平面宇宙的是是非非……对那些正面看待它的人来说,谈论二维世界确实是一种奇妙的享受,犹如一位探险家来到一个陌生的地方,在鉴赏迎面而来的美妙景色时,他的自我感觉起到了主要的作用。"

从哲学上来看,这种探索不能认为是无关紧要的。在构建平面宇宙时,人们将立即看到,如果没有一批被莱布尼茨称为"可共存的"元素(一切可能存在的世界都应该拥有这些元素,才能使逻辑结构没有内在矛盾),它是建造不起来的。然而,窦德尼指出,在我们的宇宙中,科学的主要基础是观察与实验,要找到作为基石的公理可不是件容易的事。在构建平面宇宙时我们观察不到什么东西,唯一能做的只有思想实验,即推测一下将有什么事物可能被观察到。窦德尼说了一句名言:"实验家之所失,乃理论家之所得。"

或者有可能举办一场一大批千奇百怪的平面机械工作模型的展览会。这些东西可用硬纸板或薄铁皮制成,把它们放在倾斜的表面上以模拟平面宇宙的重力。人们还可以想象出用硬纸板做出来的平面世界中的美丽风景、城市与房屋。总而言之,窦德尼开创了一种新的游戏——着手探索一个迄今人们几乎一无所知的广大的幻想世界,而在这种研究活动中,科学与数学知识都是不可或缺的。

我突然想起,阿斯特利亚人应当能够玩二维空间的桌上游戏,但这些游戏可能使他们感到十分为难,就像我们遇到三维游戏一样。首先,我想象他们在8×8的象棋盘的一维类似物上玩各种直线游戏。诸如此类的玩意儿见图1.10所示。图1.10(a),是一个跳棋游戏的开局状态。棋子只能前进,不能后退,每次只能走一格,跳是强制性的[①]。显然,此种直线游戏与标准棋盘上只能在主对角线上行动的正规跳棋是完全等价的。不难看出,如果走法合理,后手一定能赢,而在跳可以放弃的跳棋中,先手将会取胜。当棋盘的长度增加时,直线跳棋的难度也随之倍增。譬如说,当棋盘的长度增至11格、开局时双方各占4格时,何方可操胜券,是先手还是后手?

图1.10(b)是有趣的阿斯特利亚版的国际象棋。显然,在直线棋盘上象是没有意义的,皇后的作用同车一模一样,因此这种象棋只有三种棋子:国王,马与车。唯一需要改动的棋规是马不论来回,每次只能走两格,前面有棋子阻挡时(不论黑、白),可以跳过去。如果走法合理,请问究竟是白胜还是黑胜,或者双方打成平局?答案竟是出人意外地复杂,你能想得到吗?

在同一棋盘上玩的直线围棋决不简单,我在下面要讲的一种版本是10

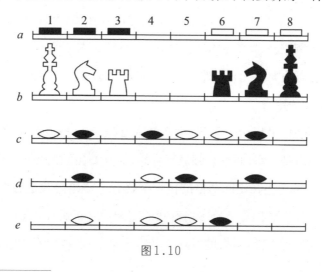

图1.10

---

① 意思是:可以跳的时候一定要跳,不能不跳。——译者注

年前亨利(James Marston Henle)发明的,此人是位数学家,目前在史密斯学院工作。亨利将它命名为"夹棋"发表在这里尚属首次。

在这种夹棋游戏里,黑、白双方轮流下子,棋子要放在线性棋盘的格子里。当一方的棋子被另一方的棋子全部围住(即在两头堵死),被围的棋子就认为被"吃掉"了,应当立即拿出棋盘。例如在图1.10(c)中,白方的左边一子与右边二子都已被围。玩夹棋时,必须遵循以下两条游戏规则。

规则1:在被围的"棋眼"里不准放入棋子,除非投入的棋子能构成杀着,即能将敌方棋子围住并将它们全部"吃"掉。例如图1.10(d),白方在第1、第3、第8格都是不能投子的,但可以投入第6格,因为这样一来,可将第5格的黑子吃掉。

规则2:在上一步刚刚吃过子的地方不能马上再下子,即使这样做可以把对方棋子吃掉。要想吃回对方的子,至少要等到下一轮。譬如说,在图10(e)中,黑子下在第3格,吃掉了第4、第5格上的两颗白子。下一步,白方是不允许在第4格马上投子的(这样做的目的,是想吃掉第3格上的黑子),他必须等一等,过了一轮之后就行了。不过他可以在第5格上下子,尽管这一格上的白子刚刚被拿掉,但继续放回时并不意味着要吃子。设置这条规则的目的在于防止无休无止地吃来吃去,来回反吃。其实,在正规的围棋规则里,也有这种规定。

只有两格的夹棋十分乏味,后走的人必赢。对3格或4格的夹棋来说,先走的人当然是赢家,而且获胜极其容易,他只要在3格游戏中下在当中一格,在4格游戏中下在中间两格的任一格就行了。5格游戏是后手可赢,6格或7格游戏则是先手赢。至于8格游戏的复杂程度则跃升到了相当高度,从而使玩家的兴趣大增。运气的好坏改变得异常之快,而且在大多数情况下,赢家只有一个唯一正确的走法。

补　遗

　　我所写的平面宇宙文章在专栏上发表以后，引发了读者巨大的兴趣。窦德尼收到了数千封来信，向他提供了各种有关平面宇宙科学技术的设想。1979年，他自费出版了一本小册子《二维科学技术》，专门讨论这些新结果。两年之后，他又编了一本小册子，名叫《二维科学技术专题论丛》，其中有著名科学家、数学家、业余爱好者们所写的论文，范围涉及物理、化学、天文、生物以及技术等领域。美国《新闻周刊》用整整两页的篇幅刊出书评，题目取得很耸人听闻，名叫《生活在两维世界里》（1980年1月18日）。在加拿大的《麦克里安杂志》（1982年1月11日）上也可以看到类似的文章《科学梦想家们的全球性狂热》。《博览》杂志（1983年3月号）也发表了一篇有趣的文章《平面世界的返朴归真》，文章里竟然煞有介事地登出了一幅窦德尼与阿斯特利亚人相互握手的照片。

　　1984年，窦德尼把所有材料收集在一起，合成一本大书《平面宇宙》，由西蒙和休斯特出版社的一家授权公司波西顿出版社出版。该书风格亦庄亦谐，半真半假，写实与虚构兼而有之。同一年，他从我手里接过了《科学美国人》的数学游戏专栏，但把重点转移到了计算机游戏方面。他的一些专栏文章已由弗里曼出版社出了几本集子：《扶手椅上的宇宙》（1987年），《图灵的公共汽车》（1989年）以及《神秘的机器》（1990年）。

　　有一个很活跃的物理分支目前正在致力于平面现象研究，它研究厚度只有一个分子的表面的各种性质及一系列二维静电与电子效应。探索可能存在的平面国与研究"可能存在的世界"的哲学时尚也有关系。这一热潮中持极端观点的支持者们坚持认为，如果某一个宇宙在逻辑上有可能成立——即不存在内在矛盾——那么它同我们在其中成长、繁荣的宇宙是同样"真实"的。

在克拉克(Arthur Clarke)①的名著《童年的终结》一书中,他着力描写了一颗有强大重力的巨行星,那里的生命被迫以近乎平面的形态生存发展,他们在其中作息的空间,垂直厚度小到仅有一厘米。

下面这封信来自美国普林斯顿大学的一位天体物理学家戈特三世(J. Richard Gott Ⅲ),并在《科学美国人》1980年10月号上公开披露:

> 我对加德纳文章中谈到的平面世界中的物理现象深感兴趣,因为我已有好几年历史,在自己的广义相对论班上为学生推导过广义相对论应用于二维空间的特例。结果是令人惊讶的。作为弱引力场的极限,人们将不可能得出牛顿理论的平面类似物(质量的引力场随 $\frac{1}{r}$ 递减)。平面宇宙的广义相对论告诉我们:不可能有引力波存在,也没有远距离作用。平面世界的行星在它的半径范围以外不会产生引力效应。 在咱们的四维时空连续统里,能量动量张量有10个独立分量,而黎曼曲率张量有20个独立分量,从而有可能找到真空场方程 $G_{\mu\nu} = 0$ (其中能量动量张量的

---

① 世界著名天文科普作家。——译者注

一切分量皆为0)的非零曲率的解。黑洞解与行星外部的引力场解便是两个实例。这也就是允许了引力波与远距离作用的存在。然而,平面宇宙则不然,它只有三维时空连续统,能量动量张量只有6个独立分量,而黎曼曲率张量也只有6个独立分量。在真空中,能量动量张量的所有分量都是0,因而黎曼曲率张量的一切分量也必须统统是0。远距离作用与引力波都是不允许的。

另一方面,平面宇宙中的电磁现象则正如人们所预期。在四维时空中,电磁场张量有6个独立分量,可以表示为各具3个分量的矢量场 E 与 B 的总和。在三维时空(平面宇宙)中,电磁场张量只有3个独立分量:有两个分量的矢量场 E 和一个标量场 B。电磁辐射是存在的,电荷的电场依 $\frac{1}{r}$ 的规律衰减。

同一期《科学美国人》上还登出另外两封来信,其中之一来自杨百翰大学英语系的哈利斯 (John S. Harris)。信中写道:

当我读到加德纳关于二维宇宙科学技术文章中窦德尼的平面宇宙的种种机械装置时,不禁大吃一惊!原来它同1895年生产的毛瑟军用手枪的锁闭机构在工艺上竟然如出一辙,相似的程度令人骇异。这种自动手枪(后来有许多变化)在该功能部件中是没有轴针与螺栓的。它的全部操作都是通过滑动的凸轮曲面与二维承窝(窦德尼称之为铰链)来完成的。实际上,一大批火器的锁闭机构,尤其是19世纪制造的枪支,都基本遵循着平面宇宙的机械原理。例子不在少数,请参看史密斯(W.H.B.Smith)的著作《手枪与左轮枪全书》中的多幅剖面图。

加德纳建议,举办一个用硬纸板做的机械模型展览会。然而这恰恰就是火器天才布朗宁(John Browning)的工作方法。他经常把枪炮零件画在纸上或硬纸板上,然后用剪刀小心翼翼地剪下来(在他的背心口袋里常备一把小剪刀)。他会吩咐弟弟埃德:"给我照样做一个。"埃德会问他:

"约翰,要多厚?"于是约翰就会用他的大拇指与食指比划一个尺寸。接着,埃德用卡钳量了一下大小,做出了零件。结果是,在布朗宁的枪支设计中,将近有100种图样的零件都是先做成二维形状再加上厚度而制造出来的。

布朗宁设计的平面宇宙性质终于成为这些枪支逐渐过时而被废弃的原因。窦德尼对平面宇宙中的机械满腔热情,他在文章中说:"这种机械装置好就好在可以节省空间。"但他忘了一点:制造这些东西,代价是非常高昂的。布朗宁设计的零件必须用仿形机床——即按凸轮运行的垂直铣床——来制造。就制造成本而言,它根本无法同自动化的螺旋切削车床竞争,也不是绞孔机、冲压机、翻砂铸造等等的对手。因而,尽管布朗宁的设计有着迷人的美学魅力,又有令人愉快的圆滑与光洁度,最后还是几乎百分之百地停止了生产。道理其实很简单:造价实在太贵了。

美国俄亥俄州州立大学的一位数学家德罗博特(Stefan Drobot)在来信中说了下面的一番话:

在加德纳的文章中,他和他所引述的作者似乎都忽视了"平面宇宙"的不利一面。利用波动过程的任何通讯,无论是用声波还是电磁波,在这样一种宇宙里都是不可能的。这是惠更斯原理的一个必然结论,该原理表明了波动方程(基本)解的数学性质。说得更明确一些,源自某点的尖锐脉冲型信号(由δ函数来表示)在三维空间的传播方式与它在二维空间的传播方式有着本质差异。在三维空间,信号是以边缘尖锐的球面波来传播的,没有任何尾巴这一性质足以使经由波动过程进行通讯成为可能,因为在短时间内,先后相继的两个信号是可以鉴别的。

反之,在仅有两个空间维度的空间内,代表波的波动方程基本解,虽然也有尖锐的边缘,却还有一条理论上无限长的拖裙,同信号源相隔一个固定距离的观察者将会看到迎面而来的波锋(声、光……等信息),并且将会一直不断地察觉到它,尽管它的强度会随时间而衰减。这一事实

必然导致经由任何波动过程进行通讯成为不可能，因为接踵而来的先后两个相继信号是无法区别的。说得更实际些，这样的通讯耗时实在太多。我现在写的这封信在平面宇宙里是读不出来的，纵然它几乎是不折不扣的二维信息。

　　我在文章中谈到的直线跳棋与象棋激发了许多读者来信。施瓦茨(Abe Schwarz)向我担保，在长度为11格的棋盘上，黑方一定能赢得"放弃型"跳棋比赛。拉皮德斯(I.Richard Lapidus)建议对直线象棋作出种种调整，譬如说，把车、马的位置对调一下（结果是双方打成平局），把棋盘放长，增加一些格子，加入几只"兵"（前进一步可吃对方棋子），或者上述3种修正办法兼而有之。倘若棋盘够长，他还建议把棋子"翻倍"——两只马，两只车——再增加几只兵，并且同标准象棋一样，兵在第一次行动时可以走两格。斯坦波利斯(Peter Stampolis)则向我建议，不要再用"马"，代之以两只称为"相马"(kops)的棋子，它的走法既像马，又像相（象），其中的一只"相马"只能走白格，另一只"相马"只能走黑格。

　　其他许多桌上游戏自然也有它们自己的一维形式，例如由伯莱坎普(Elwyn Berlekamp)、盖伊(Richard Guy)与康韦(John Conway)[①]3人合编的两卷本《稳操胜券》中所讲的翻转棋（又称"奥赛罗"）或康韦帕子棋。

---

　　① 当代著名数学家。剑桥大学与普林斯顿大学终身教授。群论与数学游戏的权威学者，"生命游戏"的发明人。——译者注

答　案

对11格的直线跳棋来说(开局状态为:黑子在第1,2,3,4格,白子在8,9,10,11格),前两步是必然的:黑子走到5,白子走到7。为了避免损失,黑子然后走到4,而白方必须走到8来回应。黑方于是被迫走到3,而白方走到9。这时到了一个关键时刻,黑方走到2,就会输,而走到6则会赢。在后一种情况,白方跳到5,然后黑方跳到6,胜局从而奠定。

在8格直线象棋盘上,白方至多6步就可以赢棋。在白方的4种开局法中,车吃车是最直接的杀着,黑方坐以待毙,所需步数最少。车—5可说是最糟的劣着,若黑方以车吃车应对,白方马上会输。因为此时白方只能走马—4,而黑方车吃马,在第二步就可以把白方将死。这种局势就是人们所说的"傻瓜的将死"(共有两局,这是其中之一),数步之内即可决定胜负。白方若以车—4开局,黑方可走马—5,接着可在第二步或第3步把白方将死。

白方唯一需要动些脑筋才能获胜的开局法是马—4。此时黑方有3种走法:

1. 车吃马

此时白方可走车吃车,其后两步可赢。

2. 车—5

此时白方可走王—2,这是一步胜着。倘若黑方走车—6,白方可用马吃车,把黑方将死。倘若黑方吃了马,白方以牙还牙,可以吃车,黑方续走马—5,白方吃掉黑马,把黑方将死。

3. 马—5

这种走法可以把黑方的败局推迟到最晚。为了胜棋,白方用马吃车,迫使黑方王棋走到7。白方把车走到4,如果黑方以王吃马,白方则将王走到2,黑方被迫走王—7,于是白方车吃马,白胜;如果黑方走马—3(将!),白方王走2,此时黑方只能走马。如果他走马—1,白方就走马—8,如果黑方走马—5,白方走马—8,迫使黑方用王吃马,然后白方车吃马,把黑方将死。

在8个格子的夹棋(直线围棋)中,先走的一方只要在第2格开局,就可以稳操胜算。在6格或7格的夹棋中,这种开局法也同样有效。假设先走者在第2格下子,如果对方应之以3、4、5、6、7或8,则先走者应该对应地下在5、7、7、7、5、6。此处我只是提纲挈领地说一下,详细的走法与变化请读者自行思考。除以上开局法外,目前还不清楚是否还存在可以得胜的其他开局法。夹棋的发明者亨利向我担保,在9格夹棋中后手必胜。至于9格以上的棋盘,他还没有仔细研究过。

第 2 章

保加利亚单人牌戏

以及其他一些似乎没有尽头的任务

西西弗斯日复一日，

　竭尽全力地推石上山；

巨石自动滚落，

　任务永远没完！[①]

　　——朗费罗（Henry Wadsworth

　　　Longfellow），《潘多拉的面具》

[①] 西西弗斯是希腊神话中的科林斯国王，因贪黩狡诈被天神宙斯打入地狱，罚他推巨石上山，推上去后巨石又自动滚落。他就无休无止地永远重复这种无效劳动。——译者注

假如你手头有个篮子,装着100只鸡蛋,另外还有许许多多盛放鸡蛋的纸板箱。你的任务是要把所有的鸡蛋放进纸板箱里。每一步(每一次动作)或者是把一只鸡蛋放进纸板箱,或者是把一只鸡蛋从纸板箱里拿出来重新放回篮子里。规则是:接连两次把鸡蛋放进纸板箱之后,就必须从纸板箱里取出一只鸡蛋,重新放回到篮子里。尽管这种方法效率极低,荒谬透顶,但显然,最后所有的鸡蛋都能装进纸板箱里去。

现在假定篮子里可以盛放任意多个有限数的鸡蛋。如果一开始你要了许许多多鸡蛋,那么完成这个任务就将变得十分艰巨。不过,最初的鸡蛋数一旦确定下来,完成这个任务的所需步数也就有了一个有限数的确定上限。

如果规则允许你在任何时候都可以把任意数目的鸡蛋放回篮子里,情况就会发生根本的变化。这时,完成这一任务所需的步数就不再有一个上限,甚至开始时篮子里只有两个鸡蛋,也是如此。所以,把有限数的鸡蛋进行装箱的任务将会按照规则的不同,或必定可以完成,或没完没了。也可以由你选择,使这个任务在有限步数内完成,或无限地进行下去。

我们现在来考虑几个有趣的数学游戏,它们有以下特点。从直观上看,你似乎能够把完成任务之日永远地拖延下去,但实际上在有限多步之后任

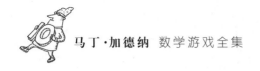

务必然完成,这个结局无法避免。

我们的第一个例子是从哲学家兼作家和逻辑学家斯穆扬(Raymond M.Smullyan)的一篇文章里找来的。设想你有无穷多个打落袋用的台球,每个球上都标有一个正整数,而且对于每一个正整数,都有无穷多个台球以此数作其标号。你还有一只箱子,其中盛有有限多个标记着数字的台球。你的目标是要把箱子出空。每一步要求你从箱子里取出一只台球,同时换上任意有限多只标号比它小的台球。1号台球是唯一的例外,因为没有比1更小的号码,所以对每个1号台球来说,没有台球来替换它,只能是有出无入了。

不难用有限多步就把箱子出空。这只要把每个标号比1大的台球用一个1号台球来替换,直到箱子里剩下来的全是1号台球,然后再每次取出一个1号台球就行了。不过,规则允许你用任意有限数目标号较小的台球来替换一个标号大于1的台球。譬如说,你可以取出一个标号为1000的台球,而换上十亿个标号为999的台球,再加上一百亿个标号为998的台球,再加上一百亿亿个标号为997的台球,再加上……这样一来,箱子里台球的总数在每一步都增加得超乎你的想象。试问,你是否能够永远拖延下去,使箱子不会出空呢?实际上,箱子终有出空之日,这个结局是无法避免的,尽管乍看起来这似乎令人难以置信。

请注意,比起鸡蛋游戏来,出空箱子所需的步数要庞大得多,不仅是开始时的台球数没有限制,而且每次取出一个标号大于1的台球之后,用来替换它的台球的数目也没有限制。借用康韦的话来说,这个过程乃是"无界的无界"。在此游戏的每一个阶段,只要箱子里还有着一个标号大于1的台球,就不可能预见要把箱子里1号台球之外的台球全部取出究竟需要多少步。(如果所有台球的标号全都是1,出空箱子的步数当然就和1号台球的个数一样多。)不过,无论你替换台球的办法多么高明,在经历了有限多步之后,箱子终究是会出空的。当然,我们必须假设,尽管不一定要求你长生不老,然而也需要你活得足够长来完成这项任务。

斯穆扬将这个惊人结果发表在他的一篇论文《树图与台球游戏》中,此文刊载于《纽约科学院年报》(第321卷,86—90页,1979年)上,文中给出了好几个证明,其中有一个是用归纳法来简单论证的。斯穆扬的论述好得无以复加,我没有本事改进,还是照用他的原话为好:

如果箱子里的台球全是标号1,那么显然我们输定了。假设箱子里台球的标号最大是2,那么,一开始我们有着有限多个2号台球和有限多个1号台球。我们不可能一直老是把1号球扔出去,因而迟早我们总要把其中的一个2号球拿走。这样一来,箱子里的2号球就少了一个(不过,箱子里却可能包含比开始时要多得多的1号台球)。现在,我们还是不能老是在把1号球扔出去,因此迟早我们总还是要扔出另一个2号球。可以看出,经过有限多步之后,我们必然要扔出最后一只2号台球,这时我们又回到了箱子里只有1号台球的情形。我们已经知道,这种情形肯定是要失败的。这就证明了,当台球的最大标号为2时,过程必将中止。那么,最大标号为3时又如何呢?我们不能一直不断地把标号为2的球扔出去(我们刚刚证明了这一点),因此我们迟早总要扔出去一个3号球。所以,到头来我们必定要扔出去最后一个3号球。这就把问题归结到上面的、最大标号为2的情形,而这种情形我们已经解决了。

　　斯穆扬还用树图作为这个游戏的模型来证明它必定终止。所谓"树"就是指一组线段,每条线段联结两个点,而且每一个点都通过唯一的一串线段联结到某一点,该点称为树的根。台球游戏的第一步(用台球装箱)可通过模型来刻画:把每只球表示为一个点,点的号码等同于球的号码,再用一根线段通向树根。当一只球被许多只标号较低的球替换时,球上的原有标号将被抹去,而代之以号数较大的点,然后这些点都联结到那个被移去的球所代表的点。就这样,树图将会逐步地向上增长,而其"端点"(不是"根"、而且只是用一根线段与别的点相联结的点)就表示在该阶段箱子里的台球。

　　斯穆扬证明,如果这棵树能长大到无穷(即有无穷多个点),那它就至少要有一个无穷尽地向上延伸的分支。但这是显然不可能的,因为沿着任何分支的数码总是在逐步减小,最后减小到1。由于树是有限的,因而它所模拟的游戏也必然有终止的时候。不过,正如上面所说的台球的情形一样,完成这个树需要多少步是无法预见的。到了那时,当游戏变成有界时,我们将把所有的端点都标记为1。当然,这些1号点的个数可能超过整个宇宙中电子的数目或者任何更大的数。尽管如此,这个游戏仍然不是西西弗斯型的,它肯定会在有限步之后走到尽头。

斯穆扬首先以台球游戏为模型来表示的基本定理是由有关集合顺序的定理推出来的,而这些定理可追溯到康托尔(Georg Cantor)关于超穷序数的研究工作。它和有限树的无穷集的一个深刻定理密切相关,这一定理首先由克鲁斯卡尔(Joseph B. Kruskal)证明出来,后来由纳什—威廉姆斯(C. St. J. A. NashWilliams)把证明简化。最近,德肖维茨(Nachum Dershowitz)和马纳(Zohar Manna)用同样的论证方法证明了某些涉及"无界的无界"运算的计算机程序最终必然导致停机。

斯穆扬台球游戏的一个特殊情形在图2.1的左图中用一棵有限树来表示,这棵树从根向上依次标上了数字。它准许我们砍掉任何端点,连同其上联结的线段,然后在这棵树上随便添加多少分支,加在哪里都行,只要所有的新点标号比你去掉的点的标号小。例如,图2.1中右图表示在一个4号点被砍掉之后树的生长的一种可能情况。尽管砍掉一个点之后,树上可能长出千百万亿个新分支,但是经过有限多次砍伐之后,整棵树终将被砍倒。与

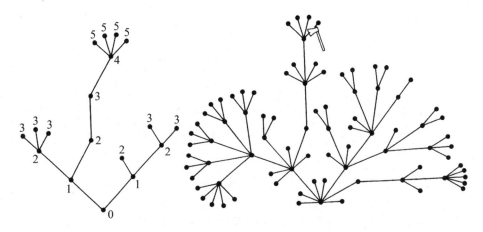

图2.1

35

更一般的台球游戏不一样,这里我们不能去掉任何我们想砍去的点,而只能去掉端点,但是由于每个去掉的点都是用标号更小的点来替换,所以斯穆扬的台球定理依然能适用。在每次砍伐以后,树可能长得更加繁茂,但是从某种意义上来讲,它总是越来越接近地面,直至最后完全消失。

基尔比和巴里斯(Laurie Kirby 和 Jeff Paris)在《伦敦数学学会简报》(14卷4期49号285—293页;1982年7月出版)上提出了一种更加复杂的砍倒树的方法。他们把其树图称为"九头怪蛇",其端点是怪蛇的头。大英雄海格立斯[①]打算把所有妖蛇的头统统砍掉以杀死这个怪物。当一个头被砍掉时,它所联结的线段也随之而去。令人遗憾的是,第一次砍头之后,怪蛇就从比砍去的线段低一步的一点(称之为k)上长出一个新支,从而获得一个或多个新头。这个新分支正好是怪蛇的k以上部分的精确的复制品。图2.2b表示

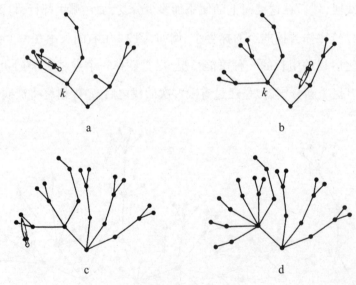

图 2.2

---

① 海格立斯(Hercules)是希腊神话中的大英雄,天神宙斯之子,又译为"武仙"(天文星座名)或"大力神"(导弹名),曾完成12项伟大事业,其中之一是杀死九头怪蛇。——译者注

在海格立斯的剑砍掉了图2.2a所示的一个头之后怪蛇的状况。

海格立斯的处境越来越不妙,因为当他进行第二度斩杀时,正好在截去的线段下面又长出两个复制品(图2.2c),而在第3次斩杀之后,怪蛇竟又长出3个复制品(图2.2d),如此等等。一般来讲,在第n次斩杀之后,会长出n个复制品。我们无法标记怪蛇的点来使这种疯狂的增长同斯穆扬的台球游戏相对应,然而基尔比和巴里斯根据英国逻辑学家歌德斯坦因(R.L. Goodstein)所发现的一个重要的数论定理进行论证,不管海格立斯按照什么样的顺序砍掉怪蛇的头,怪蛇最终都只剩下一组直接同"树根"相连的头(即便怪蛇开始时的形状再简单,这组头也可能多达几百万、几千万个)。这样就可以一个一个地把头砍下,一直到怪蛇没有头而死亡。

考察怪蛇游戏的一个有用途径是把树想象成一组一个套一个的箱子模型。每个箱子容纳了当它沿树向上运动时所能达到的所有箱子,并标上它所容纳的最大套级数。例如在怪蛇的a图中,根是4号箱子,左上方是3号箱,右上方是2号箱,如此排下去。所有端点都是0号空箱。每当一个0号箱(妖蛇的头)被移去之后,在它正下方的箱子(连同它所容纳的箱子)都被复制出若干个,不过这些复制品同原来的箱子一样,都少掉一个空箱。最终你不得不开始减少箱子的标号,正像台球游戏中不得不减少台球的标号一样。采用类似于斯穆扬的归纳论证方法,我们将能证明,最后,所有的箱子都会变空,然后我们就可以每次移去一个。

这个方法来自德肖维茨。他指出,对怪蛇来讲,甚至可以不必把它的增生限定为新分支的数目按递增的整数列增长。在每一次砍杀后,你可以让它长出任意有限多个新头。这样一来当然会使海格立斯杀死怪蛇的时间大大延长,但是只要他不断地斩杀下去,就决不会杀不死它。请注意:怪蛇在变宽过程中从来都长不高。德肖维茨和马纳所考虑的某些更复杂的增生办法可以画成一些不仅可以变得更宽而且还可以长得更高的树,而这种树也更加难以证明它会最后消亡。

关于这种看起来似乎可以永远继续下去而实际上办不到的问题,我们可以再举一个例子,它就是有名的18点问题。从一条线段开始,你在其上可任选一点,现在再选第二个点,但要使这两个点分别处于该线段不同的两个一半之内(两个一半都取"开区间",也就是说,端点并不视为在区间的"内部")。再取第3个点,但要使这3个点的每一个都落在线段的不同的 $\frac{1}{3}$ 区间内。现在很明显,前面两点根本不可能任意选取。譬如说,它们不能都在线段中间彼此靠得很近,或者说一起靠近同一个端点。我们必须仔细地安排它们,以便第3个点加进去时,3个点中的每一个都落在该线段不同的 $\frac{1}{3}$ 区间之内。照此方式进行下去,使得第 n 个点放下后,这 n 个点各自落在线段不同的 $\frac{1}{n}$ 区间内。假如你这样仔细地选择安放位置,那么你在这条线段上最多能放多少个点?

直观地看来,好像能放置无穷多点,因为一个线段显然可以分成无限多的等分,每个等分可以放一个点,但关键在于这些点必须有顺序地编号以满足问题的条件。令人吃惊的是:结果你根本不能放置17个以上的点!不论你安置17个点的手法多么巧妙,第18点肯定会坏了规矩,从而使游戏告终。事实上,即使放置10个点也不是一桩容易的事。图2.3给出了放置6个点的一种方法。

这个不平凡的问题首先由波兰数学家斯坦因豪斯(Hugo Steinhaus)发表在《初等数学一百名题》中(问题6和问题7)(1964年基础图书公司出版了该书的英译本,现有多佛公司的平装重印本)[①]。斯坦因豪斯给出了一个

---

① 我国在20世纪也有中译本,但市面上早已脱销。——译者注

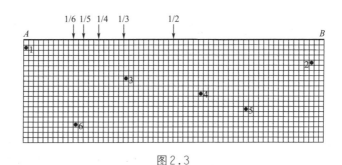

图2.3

14点的解答,他在一个脚注中提到瓦尔姆斯(M.Warmus)已经证明17个点是极限情形。伯莱坎普(Elwyn R.Berlekamp)和格拉汉姆(Ronald L. Graham)在他们的论文《有限序列的分布不规则性》(《数论杂志》2卷2期,152—161页;1970年5月)中第一个发表了该问题的证明。

波兰首都华沙的数学家瓦尔姆斯直到6年之后才在同一杂志上发表了他那较为简短的证明(《数论杂志》8卷3期,260—263页;1976年8月),他给出了一个17点的解答,并补充说17点共有768种解法,要是你把它们的逆序图案看做另一种解法,那就有1536种。

关于这种违反直觉、突然终止的怪题,我们还可以举出最后一个例子,你可以用一副扑克牌来做它的模型。它的来历不太清楚,但是,把这个怪题告诉我的格拉汉姆说,欧洲数学家们把它称为保加利亚单人牌戏,至于这样叫的原因,他一直也没能弄清楚。级数 1+2+3+… 的部分和称为三角形数,因为它们对应于三角形阵列,例如保龄球游戏中的10只木瓶或者台球游戏中的15只台球。玩保加利亚单人牌戏要用的牌的张数与任一三角形数一样多。从一副普通扑克牌中你能得到的最大三角形数是45,它是前9个正整数之和。

把45张牌摆成一叠,然后把它们随便分成多少叠,每一叠可以有随便多少张。你可以使它仍然保持一叠,也可以把它分成两叠、3叠或许多叠。怎么分都行,甚至可以分成45叠,每叠只有一张牌。现在开始重复执行以下的步骤。从每一叠中各取出一张牌,把这些取出来的牌放在桌上,使之成为新的一叠。各叠牌不必定排成一行,可以随便放。重复以上步骤……。并不停地做下去。

由于牌的叠数和每叠牌的张数一直以不规则的方式不断地变化,因而似乎不大可能得到这样一种状态,即一叠有一张牌,一叠有两张牌,一叠有3张牌……直到最后一叠有九张牌。要是你能得到这种不太可能的状态而又不陷入循环(即游戏总会回复到先前的某一状态),那么游戏就将终止。因为此时的状态已经不会再发生变化了。重复上述步骤,各叠牌张数总是同以前完全一样,是连续整数的状态。令人惊奇的是,不管游戏的初始状态如何,结果你总会在有限步数之内达到这个连续整数状态。

保加利亚的单人牌戏是分拆理论中某些问题的一种模型,决不能认为很平凡肤浅。所谓一个数的分拆是指一个正整数能够表示为正整数之和的全部方式,而不计较和数的顺序。例如,三角形数3有3种分拆:1+2,1+1+1,3。当你把一堆纸牌分成任意多叠、每叠任意多张时,你就给这堆纸牌建立起一个分拆。保加利亚单人牌戏就是把一种分拆变成另一种分拆的方法,即把前一分拆中的每个数减1,然后把被减去1的数的数目作为分拆中的一个新数。这个游戏总是得出一串不相重复的分拆,而其中最后一个便是由连续整数构成的分拆。这个事实并不是显而易见的。别人告诉我,它是由丹麦数学家勃兰特(Jorgen Brandt)在1981年首先证明的,但是我并不知道他的证明内容,也不知道它是否已经发表。

对于任何三角形数的牌数,保加利亚单人牌戏都可以用树图来表示,树根代表由连续整数构成的分拆,而其他的分拆则表示为树图的结点。图2.4中,左图表示3张牌游戏,此树极为简单,右图则表示6张牌有11种分拆

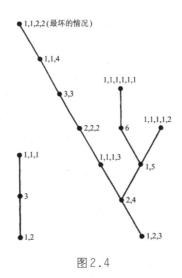

图2.4

的树,比较复杂。任何游戏都以由连续整数构成的分拆告终,这个定理等价于下述定理,即所有三角形数的分拆都可以用连通的树图来表示,其中每一个分拆比它在游戏中的后继者高一级,而树的根就代表由连续整数构成的分拆。

　　注意在6张牌的树中,从最高点到树根共有6级。最高点的分拆,即1,1,2,2,是"最坏的"初始情形。不难看出,从任何分拆出发,游戏必定在6步之内终止。有人猜想,如果某一游戏中的牌数为 $\frac{1}{2}k(k+1)$,则该游戏必定在 $k(k-1)$ 步之内终止。去年,计算机科学家克努特(Donald E. Knuth)要他在斯坦福大学的学生用计算机来验证这个猜想。对于 k 小于或等于10时,他们证实了这个猜想,因此,这个猜想几乎肯定是对的。但证明迄今仍未得出。

　　图2.5表示保加利亚单人牌戏在10张牌($k=4$)情形下的树图。现在,顶上有3个最坏的情形,每一个离根都有12级。还要注意,此树有14个端点,我们称之为"伊甸园"分拆,因为除非你从它们出发,否则它们是不会在游戏的中途出现的。它们都是这样的分拆,其分拆的份数比各份中最大的数

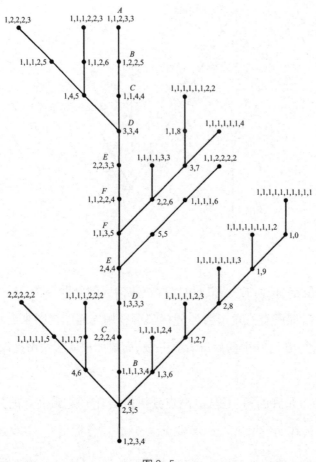

图2.5

大出2或者更多。

　　图2.6中的左图是用点来表示树顶上的分拆1,1,2,3,3的标准方法。如果将此图转动并作镜面反射,它就变成右图。它的3行现在给出分拆2,3,5。这两个分拆中的每一个都叫做另一个的共轭。

　　共轭关系显然是对称的。如果一个分拆的共轭就是其自身,则称为自共轭分拆。在10的分拆的树图上只有两个自共轭分拆,一个是根,一个是1,1,1,2,5。如果把其余的分拆按照共轭来配对的话,那么沿着树的主干就

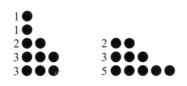

图2.6

会出现一个诱人的图案。共轭分拆如图中的英文字母所示。对于迄今曾探讨过的所有保加利亚树,这种沿着主干的对称性全都存在。

保加利亚单人牌戏的操作可以用图来表示。把它的一头对齐的点表示的图案中最左一列去掉,再把此列转动90度,然后作为新行加进来。只有形如1,2,3,4,…的分拆的图在这个操作下不会改变。假如你能证明,除了由连续整数构成的分拆之外,没有任何分拆的操作序列能够使一个图回到其原来状态,那你就已经证明了所有保加利亚单人牌戏都可以图示为树,所以一旦到达了它们的根,游戏也就终止,玩不下去了。

如果用55张牌($k=10$)来玩此游戏,则一共有451 276种分拆方式,因而要把树图画出来必将十分困难。甚至15张牌的树(共有176点),也需要动用计算机来帮助画图。这些分拆数是怎样算出来的呢?这里倒有一段冗长而有趣的故事。让我们假定分拆是**有序**的,那么3就会有4种有序的分拆(通常称为"组成"):1+2,2+1,1+1+1,3。组成的总数,表达式很简单,就是2^{n-1}。但若分拆是无序的(例如在单人牌戏中那样),情况将变得难以置信地杂乱无章。虽然有许多递归过程来计算无序的分拆数,其中每一步用到所有较小的数的已知分拆数,但直到近代才得出了一个精确的渐近公式。英国数学家哈代(G.H.Hardy)同他的印度朋友拉马努金(Srinivasa Ramanujan)合作,取得了重大突破。他们的还不十分精确的公式在1937年由拉德马赫尔(Hans A.Rademacher)进一步加以完善。这个哈代—拉马努金—拉德马赫尔公式是一个极为冗杂的无穷级数,其中包括π、平方根、复根以及双曲函数的导数等。安德鲁斯(George. E. Andrews)在他编写的关于分拆的标准教材中,称之为"难以置信的恒等式",并且说,在分拆论的历史上,这是"一项登峰造极的成就"。

对于$n=1,n=2,n=3,n=4,n=5$和$n=6$,分拆数序列是1,2,3,5,7,11,因而你可能推测下一个分拆数将是下一个素数13。然而,糟糕透顶,它却是15。也许所有分拆数都是奇数吧?还是不对,下一个分拆数却是22。一个尚未解决的深刻问题是,随着n的增大,偶分拆数与奇分拆数在数量上是否渐近地相等。

假如你把分拆理论仅仅看成是一种数学游戏,那我就得在本文结尾时讲一下,利用所谓杨氏表格的数的阵列来图示分拆集合的方法,已经在粒子物理学中成为十分重要的工具。然而,那又是另一种台球游戏了。

补　遗

许多读者给我送来了保加利亚单人牌戏必定在$k(k-1)$步后终止这一猜想的证明。这一证明在本章附录的进阶文献中多处可见。埃金(Ethan Akin)和戴维斯(Morton Davis)在他们1983年的论文中,用下面的不寻常的语调开头:

> 该死的加德纳!他老是使你们不得安宁。你们在那里一心经营着自己的事业,他在《科学美国人》上的专栏文章却像病毒般地奔袭而来。你们会忘掉一切,忙着解决他的一个又一个迷人怪题。在1983年8月号的那一期里,他向我们介绍了保加利亚单人牌戏。

第 **3** 章
鸡蛋趣话,第一部分

不太像

球形

白白的

奇特地自我封闭着

又没有盖子

　　　　——斯温森（May　Swenson）

由此起头,题为"早餐"的8节怪诞咏物诗描述了欧洲大陆人的生活方式,他们敲碎蛋壳,吃煮得很嫩的溏心鸡蛋,悠然自得……。接下去的诗句是:"一个光滑的奇物/它就在我手中/它是否是/从我的袖子里滑落的?/这外壳的/形状/使我神魂颠倒的卵形。"

在任何自然和简单雕塑品中,有什么东西比鸡蛋更赏心悦目,能在手上把玩?鸡蛋这种东西,一头比另一头要更尖些,令人愉悦的形状随蛋而异,各不相同。鸡蛋的形状可用一族封闭曲线来作数学模拟,这些曲线的代数方程稍为有些不同,但都是低阶的。其中最简单的叫做笛卡儿(Descartes)卵形线,这族曲线的发现者是17世纪法国数学家兼哲学家笛卡儿。正如椭圆可用两只大头针与一段线轻松画出来一样,笛卡儿卵形线也是如此。

图3.1表明了怎样把围成三角形的一段线(最好用尼龙线,因为它的摩擦力最小)拉紧、用铅笔尖画出椭圆。由于图中AP与BP之和不变,这种方法能保证曲线就是所有与两个焦点A、B的距离之和为常数的点的轨迹。

图3.2表明,笛卡儿卵形线可用类似方法画出,不过尼龙线必须绕过B处的大头针以后再接在铅笔尖上。只要拉紧尼龙线,便可以画出上半只卵形曲线。卵形曲线的下一半也可以用类似的办法画出来,但此时要把尼龙线安排在下面。

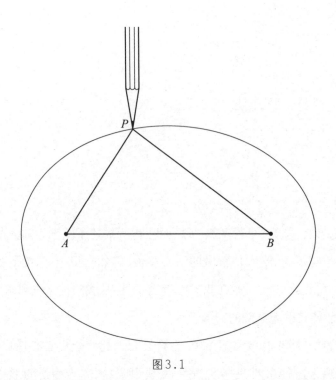

图3.1

　　这种方法画出的曲线显然是有着下列性质的一切点的轨迹:点到A的距离加上该点到B距离的2倍之和为常数。笛卡儿把常数修改成点到A距离的m倍加上点到B距离的n倍(其中m、n都是实数),从而大大推广了曲线族。不难看出,椭圆与圆都可视为卵形曲线的特例。椭圆的情况是:$m=n$,而且$n=1$。圆是椭圆的特例,其时两个焦点之间的距离变成零了。

　　在图3.2中,m等于1,n等于2。通过调整焦点距离,改变尼龙线长度,或者两者并用,人们可以画出无限多条笛卡儿卵形线,它们的乘数都为1:2。图3.3给出了乘数成2:3时的卵形线画法。在此种情形下,有一个焦点位于卵形线的外面。当然,仅当m、n为正整数,而且数值很小时,才能保证绕成几圈的尼龙线不至于产生过多的摩擦力。

　　① 两个焦点合二为一,变成圆心。——译者注

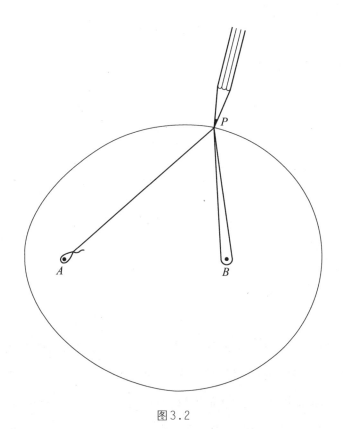

图3.2

许多著名物理学家,其中包括惠更斯(Christian Huygens),麦克斯韦(James Clerk Maxwell)与牛顿(Isaac Newton)等人,都对笛卡儿卵形线很着迷,因为它表现出极不平凡的反射、折射等光学性质。1846年,爱丁堡皇家学会听取了麦克斯韦的论文《论卵形曲线与多焦点曲线的描述》。这位苏格兰物理学家独立发现了笛卡儿卵形线,甚至更进一步推广到了有两个以上焦点的曲线。然而,麦克斯韦没有把他的论文上交学会,他当时年仅15岁,被认为太年轻了,不宜出现在有身价的听众之前!(在多佛出版社重印的《麦克斯韦科学论文集》一书中收入了青年麦克斯韦的这篇论文。)

在其他许多形似鸡蛋、一头比另一头更浑圆的卵形线中,有名的是卡

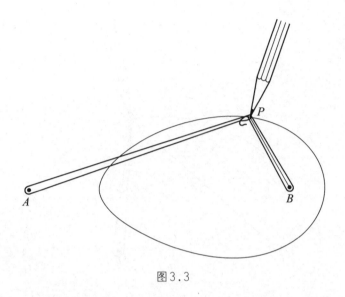

图3.3

西尼（Cassini）卵形线。这种曲线是具有下列性质的所有点的轨迹：点到两个定点的距离之乘积为常数。并不是所有的卡西尼卵线都像鸡蛋，但在它们像鸡蛋时，一般都是成双结对地出现，而指向彼此相反。

鸡蛋的物理性质，使得我们有可能用它在亲友聚会上表演一系列有趣的小节目，以供娱乐。如果你尝试做一做下面的鸡蛋实验，你会发现它们不仅有娱乐价值，而且在科学上也是有教益的。

在一切鸡蛋游戏中最古老、最有名的无疑是把一只新鲜鸡蛋竖立在桌面上。据说哥伦布（Christopher Columbus）曾经成功地办到了。他把鸡蛋的底部稍微敲碎一点，于是它就稳稳地站住了。一个比较巧妙的方法是把一小撮盐撒在白色的桌子上，然后把鸡蛋立在盐上，放稳当后，把盐轻轻地吹掉，只剩下极少量的、几乎看不出的盐粒，使鸡蛋继续维持不倒（读者们如果要想了解海因（Piet Hein）的"超级鸡蛋"即不需要要任何花招仍能依靠一端稳固站立的技巧，请参看本系列《沙漏与随机数》（*Mathematical Carnival*）。

50

事实上，只要有足够的耐心与一只沉稳的手，在不光滑的表面，例如人行道或桌布上，靠鸡蛋的较大一头把它竖立起来并不算太难。这一实践活动有时成为某些地区的一股热潮。譬如说，1945年4月9日出版的美国《生活》杂志就曾详细描述了当年在中国抗战陪都重庆刮起的一阵竖鸡蛋热。根据中国的民间信仰，在立春（按照中国农历，那一天是春季的首日）那天，使鸡蛋站立不倒要比平时容易得多。

图3.4揭示了一个神奇而古老的竖鸡蛋魔术，道具是一只软木塞，一个酒瓶，两把餐叉。把软木塞的一头挖去一些，使之贴合鸡蛋的表面，餐叉要用分量较重的长柄餐叉，瓶子的边缘必须是平的，最好用常见的软饮料瓶。即使诸物皆备，还是需要花费许多分钟才能搭成一个稳定的结构。由于（在搭试中）鸡蛋总会掉下来几次，所以最好采用煮熟的鸡蛋而不是生鸡蛋。岌岌可危的平衡一旦达到，每个不熟悉重心的物理规律的人都会感到万分神秘。

鸡蛋的平衡也是一个古老游戏中稳操胜券的秘密所在。做这个游戏，要准备为数很多的、几乎一样大小的鸡蛋。两位参赛者轮流往一张圆台或方桌上放鸡蛋，每次放一只，最后，不碰别的鸡蛋就无法放下手中鸡蛋的人便是输家。先放的人一定可赢，他只要把第一只蛋靠一头竖立在桌子中心，以后每次轮到他放时，他只要把鸡蛋放到与对方刚刚放下去的蛋对称的位置上就行了。

由于生鸡蛋的内部是半流质，黏滞度很大，液体的惯性拉力使得生鸡蛋不容易

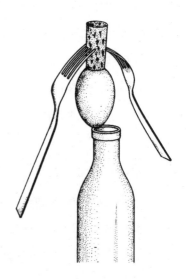

图3.4

横向旋转,至于竖起来旋转,则基本上不可能。这就为辨别生鸡蛋和熟鸡蛋提供了一种快速有效的办法:只有煮得很老的鸡蛋才能够竖起来旋转。不过,下面用生鸡蛋来表演的戏法倒不常见。把一只生鸡蛋横向旋转,尽可能转得快些,然后伸出一只手指按压鸡蛋,使之突然停下,再立即放开你的手指,鸡蛋内部液体的转动惯性就会使它重新慢慢地转起来。

我的一位魔术师朋友米勒(Charlie Miller)喜欢用一只熟鸡蛋来表演一个惊人的戏法。他对观众说,鸡蛋可以横着转(他边说边做,慢慢转动一只鸡蛋),也可以竖着转(他也作了演示),但只有魔术师才有办法只拨动一下,就让鸡蛋出现两种不同的旋转。说时迟,那时快,他猛地一拨,鸡蛋快速地横向旋转起来。大部分鸡蛋(特别是那些在烧煮时保持直立的鸡蛋)都会横着转一会儿之后,然后突然竖立起来旋转。(有兴趣的读者可以参阅多佛出版社重印佩里(John Perry)的《旋转的陀螺与迴转仪运动:旋转动力学的通俗解释》一书,也可查阅瓦克(Jearl Walker)的文章,见《科学美国人》1979年10月号的《业余科学家》专栏。)

最奇妙的转蛋戏法难得一见,可能是由于非常难做,需要反复操练,而且这种技艺,基本上靠行家里手口口相传或是手把手地传授,并没有什么文字材料。现在,你们需要一只有平边的餐盘。取一片鸡蛋壳,约一元硬币大小,蛋壳的边缘不要修齐整,而且必须取自鸡蛋的侧面,而不是两头。

把盘子放在水里浸一浸,再把鸡蛋壳放在盘子的边上,手持盘子,倾侧成一定角度(如图3.5所示)。蛋壳将开始转动。现在你手里拿着盘子转,但倾角要保持不变。这时,你将看到蛋壳沿着潮湿的盘边以惊人的速度打转。为了搞好表演,你得用多片蛋壳来做试验,直到找到一片最适宜的为止。一旦你掌握了诀窍,你将能随时表演这种令人目眩的杂耍戏法。尽管这一戏

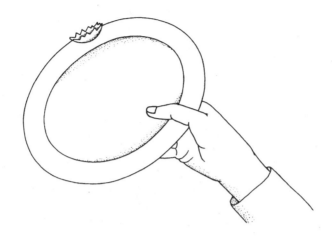

图3.5

法在古老的魔术书中有所记载,但似乎只有为数极少的魔术师知晓。

　　下面这种可以赌输赢的戏法,其背后的秘密是惯性。准备好一把有锋利刃尖的厨刀。把刀竖起来,再把半只蛋壳顶在刀尖上,如图3.6所示。把刀子递给某个朋友,要求他在厨桌或厨柜上用敲击刀柄的办法来刺穿蛋壳。当他每次敲击时,虽然蛋壳都会跳起来,但毫发无损。然而,你却能轻而易举地把蛋壳刺破。原来,戏法的秘密在于,你把刀子松松地拿在手里,表面上好像你在用刀柄敲击厨柜,实际上却是让小刀依靠它自身的重量坠落在厨柜上并弹跳起来。于是,难以察觉的弹跳使刀尖刺破了蛋壳。

　　完整的生鸡蛋蛋壳有着相当可观的强度。许多人都知道,倘若你双手紧握一只鸡蛋,把蛋的大、小头分别抵住两手掌心,那就不大可能把鸡蛋压碎。较少为人知晓的是:如果把生鸡蛋往上抛,让它自由跌落到草地上,则鸡蛋很难摔碎。1970年5月18日出版的美国《时代》杂志上报道了一系列这样做的实验结果,那是英国里奇蒙德市一位中学校长为他的学生做的实验。一位当地的消防员从70英尺高的云梯顶上把生鸡蛋投落到草地上,10

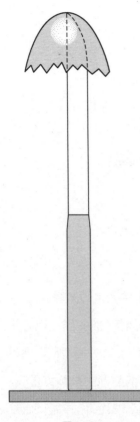

图3.6

只鸡蛋中有7只完好无损。皇家空军的一位军官准备了一架直升飞机，从150英尺的高度把鸡蛋投落到学校的草地上，18只鸡蛋中，只有3只打碎了。《每日快报》雇佣了一位弹奏阿兹台克音乐的演奏家以时速150英里①向飞机场"俯冲轰炸"，投下5打鸡蛋，其中3打②毫无损伤。但是，从里奇蒙德桥上把鸡蛋投到泰晤士河里去时，有四分之三的鸡蛋都碎了。学校里的科学教师说，这些事实证明了"水比草地硬，但比混凝土要软些"。

鸡蛋落在坚硬地面上时的脆弱性总是古老童谣以及卡洛尔在《镜子背后》(Through the Looking-Glass)中写的从墙上摔下跌得粉碎的蛋形矮胖子的主题，下面这个现实生活中的玩笑也与它有关。你不妨同别人打一角钱的赌，要求他用大拇指和食指穿过门上下铰链间的门缝，去拿一只在门缝另一边的生鸡蛋，并坚持30秒。当他如法照办，手指紧紧拈着鸡蛋时，你马上把他的帽子放在鸡蛋正下方的地板上，扬长而去。

用鸡蛋来做的科学游戏中，最好的要算是以下众所周知的实验了——大气压力迫使一只煮熟的剥壳鸡蛋进入一只牛奶瓶中，然后又使它毫无损伤地跑出来。做这个游戏时，瓶口只能比鸡蛋略小一点，所以你必须小心，不能使用太大的鸡蛋或过小的瓶子。不能把鸡蛋强行塞进瓶子里去，要让

① 1英里相当于1609.34米。——译者注

② 1打等于12只。——译者注

鸡蛋穿过瓶口,你必须先加热瓶中的空气。最好的办法是把空瓶子放在沸水里浸几分钟,然后把鸡蛋放在瓶口上,再将瓶子从水中取出。随着瓶中的空气渐渐冷却收缩,瓶内气压降低,瓶外的空气压力就会把剥壳鸡蛋推进瓶子。要取出瓶子里的鸡蛋时,先将瓶子倒过来,使鸡蛋落在瓶颈处,然后用嘴巴对准瓶口,向里面猛烈吹气。这样一来就压缩了瓶子里的空气。当你停下来不吹气时,空气就会膨胀,迫使鸡蛋通过瓶颈,落进你的手中。

好几本老书都提到过用一只煮熟的带壳鸡蛋来做一个精心制作的把戏。把鸡蛋在加热的酸醋里浸几小时,直至蛋壳变软。然后,用上面讲过的办法把鸡蛋放进瓶子,让它泡在冷水里过夜。这样一来,蛋壳又变硬了。把水倒掉,你就有了可以向朋友炫耀的本钱。不过,话虽如此,照此办法,我可是从来没有成功过。蛋壳确实是变软了,但它似乎生出了许多气孔,不可能产生真空了(如果哪位读者肯告诉我把浸过醋的鸡蛋放进瓶子里去的具体操作办法,我将竭诚欢迎)。不管戏法能否成功,失败的遭遇成了安得森(Sher Wood Anderson)一篇最有趣、最精彩的短篇小说的中心内容。短篇小说的名称叫做"蛋",你可以在他的一本集子《蛋的胜利》中找到这篇短文。

讲故事的是个男孩。他的父母以前曾经营过一个可怜的养鸡场,后来在通往匹克维尔火车站的路边买进了一家小旅馆。车站距俄亥俄州比德威尔市不远。男孩的爸爸梦想当个节目主持人。在一个濛濛雨夜,旅馆的唯一主顾名叫凯恩(Joe Kane),一个正在等候晚点火车的男青年。旅馆老板决心要用自己最喜爱的鸡蛋戏法来取悦这位客人。

"我会在这盆醋里加热这只蛋,"他对凯恩说,"然后,我将使它穿过瓶颈,但一点都不会把蛋壳弄碎。到了瓶子里的鸡蛋将恢复它的正常形态,蛋壳也将重新变硬。我会把瓶子连鸡蛋一起送给你,你可以带着它东奔西走,闯荡江湖。人们一定会问你,你是怎样把鸡蛋放进瓶子里去的,不要告诉他们,让他们去猜。这就是这个把戏的有趣之处。"

孩子的爸爸龇牙咧嘴地笑着,不时地眨眨眼睛。凯恩听了他的话,觉得此人神经不正常,但于己无害。酸醋确实使蛋壳变软了,然而男孩的爸爸却忘记了戏法的关键,他并没有把瓶子加热。

"好长时间里,他想方设法要让鸡蛋穿过瓶颈……他试了又试,绝望渐渐在他心中滋长。最后,当他觉得戏法即将大功告成之际,误点的火车终于进站,凯恩漠不关心地开始向门口走去。孩子他爸作了最后一次绝望的努力来征服不听话的鸡蛋,以建立他的好客之名。他把鸡蛋推过来,拉过去,不自觉地对它动了粗。他不断赌咒发誓,额头上的汗珠涔涔而下。突然之间,鸡蛋在他的手里弄碎了,里面的蛋液溅到他的衣服上。停在门前的凯恩转过身来,哈哈大笑。"

老爸怒火顿起,咆哮起来,他抓起另一只鸡蛋,掷向凯恩,却没有击中他。于是他关门打烊,拖着沉重的脚步走上楼梯。他的老婆与儿子也被吵闹声惊醒。他们看到,他的手里拿着一只鸡蛋,眼睛里闪烁着精神错乱的微光。他把鸡蛋轻轻地放在床边的桌子上,开始啜泣起来。被老爸的悲伤所感染,小男孩也哭了起来。

好故事总会转变成寓言或讽喻。人们不禁要问,鸡蛋究竟代表着什么?我认为它代表大自然,即希腊神话中的"俄耳甫斯之蛋"①。独立于我们心灵之外的广阔世界,没有任何义务要满足我们的各种欲望。一旦懂得了它的数学规律,你就可以使之俯首听命,把它操纵到难以置信的地步,正如现代科学技术所表明的那样;如果不懂得它的规律,忘记了它,忽视了它,那么大自然就会像大白鲸狄克(Moby Dick)那样心怀恶意,或者像安得森悲剧

---

① 俄耳甫斯(Orphers)是希腊神话中的人物,天上的歌手,他善弹竖琴,所奏的音乐能感动鸟兽木石。——译者注

中的、不听指挥的白色鸡蛋。

说来说去，一只蛋终究是一只蛋，它是一个有美观几何表面的小小物体，但它也是一个遵守一切宇宙大法的微观宇宙。如果同白色的卵石相比，它毕竟要复杂、神秘得多。可以说，它是一只没有盖子的神奇的盒子，里面装有生命的奥秘。斯温森在她的诗中写道：

干净利落地

用小刀剥掉了它的头皮

我用勺子舀出

它清澄的脑汁

轻轻地

感觉到一阵战栗

究竟谁更重要，鸡还是蛋？是否像巴特勒(Samuel Butler)所说的那样，母鸡不过是按照蛋的生活道路，生出另一只蛋的动物？还是另有什么别的生活路子？

"我在黎明时醒来，"安得森的故事叙述者用他自己的对人类失败的解释作了意味深长的小结，"对放在桌子上的鸡蛋凝视了很长时间。我在想，鸡蛋究竟是什么东西，为什么鸡蛋会变成母鸡，而母鸡又生出鸡蛋？问题已经深深地渗入我的血液。我在想，蛋已经在这里了，因为我是我父亲的儿子。无论如何这个问题悬在我的心头，没有解决。于是，我得出结论，那不过是蛋的完全而最后胜利的另一个证据而已——至少它就是我的家庭所关注的问题。"

第 4 章
鸡蛋趣话,第二部分

我的文档里积累了很多有关鸡蛋的资料,因此我决定把它新列一章,而不是像以前那样做法,在正文后面加上一个冗长的增补材料。

如今,玻璃牛奶瓶已经很难见到。为了表演把鸡蛋放进瓶子里去的戏法,最好还是采用酒瓶。

为了加热瓶子里的空气,常用的办法是点燃一张纸或一小节蜡烛,然后把它丢入瓶中,等等。常有人加上一点说教,把瓶子里形成的真空说成是燃烧耗尽了氧气所致。其实,这种说法是靠不住的。真空的形成不是燃烧消耗氧气所起的作用,而完全是依靠空气的冷却与收缩。

几十位读者向我提供了如何把浸过醋的鸡蛋放进瓶子里去的建议,尽管他们中间的绝大多数人并没有亲自试过。许多人认为在鸡蛋壳上涂一些密封剂会有帮助,例如油、糖浆、蜂蜜或凡士林。有几个人建议,把鸡蛋放在瓶口上,然后,用塑料食品袋把鸡蛋与瓶颈一起包住。有几位读者说,加热空气的最好办法是在瓶里灌半瓶水,然后把瓶中的水烧开。有一位读者米勒(Kevin Miller)对此作了解释:水蒸气冷凝比空气冷却能形成的真空度更高。另外,当鸡蛋突然落进瓶中时,瓶中的水也可以起缓冲减震作用。

在将鸡蛋放到瓶口上之前,米勒挤了一些牙膏,涂抹在瓶口的边上。用冷水冲刷瓶壁以产生真空。然而,鸡蛋在水里浸泡了两个月之后,蛋壳依然没有变硬。有一位读者认为,把鸡蛋浸泡在硼砂溶液里兴许有用,因为它可以中和浸过醋以后鸡蛋壳的酸性。另外一个人则说,如果用急流而下的冷水彻底漂洗鸡蛋,那么蛋壳将会变硬。尽管大家议论纷纷,可是我却无法使蛋壳复原。难道讲述科学游戏的那些老书本纯属欺人之谈?

美国密苏里州墨西哥市的一位律师巴恩斯(Lakenan Barnes),给我写了一封信。他说:

你在《科学美国人》杂志4月号上所写的《鸡蛋趣话》一文实在太好了,使我备受鼓舞①。我不知道下一次你还会炮制什么文章,但它无疑会使我开心。

按照你指示的办法,我把鸡蛋煮得很老,并加以快速旋转。它居然有好几次站起来向我挥手致意。看到这种情形,我真是兴奋得无以复加。由于蛋壳的实质就是碳酸钙,我认为看到的就是大理石。②

我已经好几次把这堂物理实验课向我的咖啡馆弟兄作了演示,不过我用的是一只装饰性的石膏蛋,取得了相同结果,却避免了遇上某个彼拉多③式

---

① 发信者故意玩弄文字技巧,篡改某些英语单词的拼法,把鸡蛋(egg)一词加进去,例如把excellent改为eggscellent,excited改为eggscited等等,这种手法一玩再玩,下文还有一些,不再一一指出了。——译者注

② 大理石的主要化学成分也是碳酸钙,其分子式为$CaCO_3$。——译者注

③ 彼拉多(Pilate)罗马犹太巡抚,主持对耶稣的审判并下令把耶稣钉死在十字架上。——译者注

的家伙指着我大骂"混蛋!"

加德纳先生,我希望我加了蛋黄的小伎俩不会冒犯你。我衷心希望你能理解,你的鸡蛋实验给我带来了难以形容的快乐。

一个最后的想法:关于先有鸡还是先有蛋的问题,我同意我的阿姆赫斯特兄弟会的一位兄弟的看法,他在50年前就曾说过:"当然是先有蛋啰!"尽管我来自密苏里州,我愿接受他的看法,并不需要什么证明。

1990年4月,卡通短片《爱达荷州的巫师》提出了一个奇怪问题:"你是否想过第一个吃鸡蛋的人有多么勇敢?"据说提问者是一只鹦鹉。听它说话的人答道:"以前我从未想过这个问题,但你说得对。"听到此人的表态之后,鹦鹉继续说下去:"更令人惊奇的是,大家都吃鸡蛋,此事变得流行了!"

美国加利福尼亚州圣马特奥市的一位内科医生汤普金斯(Pendleton Tompkins)写信给我,信的内容如下:

人家告诉我,如果把一个很小的外物放入生蛋母鸡的腹腔内,母鸡就会把外物包入蛋壳内生下来。有位畜牧学教授在招待12位同事吃早餐时就利用了这种现象。他准备了一些小纸条,上面写着"哈啰,比尔""乔,早安"等简短语句,分别放入胶囊里。教授然后再把这些(X射线透不过的)胶囊放到12只标记着比尔、乔……等名字的生蛋母鸡的体内。鸡蛋生下来以后,他把它们一一放在荧光检测仪下过目,直到发现藏有胶囊的蛋为止,然后,把它们作为早餐的"公鸡蛋"①。不难想见,客人们敲开鸡蛋,发现其中竟有一句与他们的姓名一致的问候语,该有何等惊喜。

新鲜鸡蛋在春分节那天比平时容易竖立不倒,这种看法在美国曾掀起了一股小小的热潮。怪现象由来已久,要想知道它的历史,并为许多表面看来似乎很聪明的人也会干起这种傻事找到一种解释,请读者参看我的一篇专栏文章《一个外行观察者的笔记》,发表在《持怀疑论的调查人》杂志(1996年5、6月合刊)。该文也讲到了一系列机械蛋,一旦你了解到平衡的秘密,就可以轻而易举地把它们大头朝下竖立起来。

在上一章结尾的地方,我谈到了一个千古之谜:先有鸡还是先有蛋?答案是先有蛋。同所有的鸟类一样,鸡是从爬虫②进化而来。由于爬虫会下蛋,当然蛋在小鸡之先;然而问题并未解决,因为人们接下去还是会问:先有爬虫呢,还是先有蛋?

我非常赞赏斯温森的诗(其中的一节已在上章首段引用过)。这位女作

---

① 原文 Oeuf à le Coq 是法文,意思为"公鸡蛋",指最吸引人关注之事物。——译者注

② 指恐龙。——译者注

家1919年生于美国犹他州的洛根，死于1989年。她非常喜欢趣题与文字游戏，其中一些最出色的问题可以在她的选集《诗境诠解》（1966年出版）与《诗境诠解续集》（1971年出版）中查到。

时任美国科林斯堡科罗拉多州州立大学动物学系助理研究员的帕卡德（Mary J.Packard）送给我好几篇她同别人合作编写的有关鸡蛋的技术性论文。她在给我的信中对鸡蛋赞颂备至，把它说成"最容易收藏、只有最少的营养要求、不会咬人、滚动得最慢，又最容易捕捉到"。为了感谢我教导读者认识"鸡蛋的完美性"所作出的努力，她奖给我一个"妙人儿①"的称号。

这当然像是开玩笑，但帕卡德女士也郑重其事地提出了一个有趣的问题：为什么所有鸟卵中的气室总是在大的一头？对此问题，她解释道，气室是极其重要的，因为胚胎吸入肺部的第一口气来于此。如果气室不在那里，胚胎就会死亡。她还加上一句说，方便的是，气室总是位于一个可以预见的地方，但是，为什么它只在大的一头，不在边上，也不在尖的一头呢？那看来是一个未解的动物学之谜。

在此顺便说一句，气室成了一个有趣的打赌的工具。以下就是我在《物理教师》杂志上为我的"本月物理戏法"特色专栏所写的文章：

小心地敲开一只新鲜鸡蛋，使两半蛋壳尽可能一样大。务必注意，大的一头的蛋壳里面有个气室，绝大多数鸡蛋都是如此。

① good egg，字面解释是好蛋，英语俚语指有趣味的、讨人喜欢的人。——译者注

如果气室真是在那儿,准备工作就绪后,你就可以用下面的戏法来同朋友开个玩笑。在一只高脚玻璃杯中注满水,把没有气室的半只蛋壳给你朋友,把另外半只留给你自己。注意,气室的事情一字都不要提。

把你的那半只蛋壳放在水面上,破口向上,然后轻推蛋壳边缘,使它浸水下沉。当它沉入水中时,气室将使它翻身上浮,露出凸起的顶端。用一只汤匙把它捞出,再向被你愚弄的那位朋友提出挑战,请他也来照样做做看。然而,当他去试验时,他的那半只蛋壳却顽固地拒绝翻身。

重复几次表演。在蛋壳最后一次翻身上浮之后,偷偷伸出你的手指,刺破蛋壳上的气室。如果你的朋友认为你的半只蛋壳与他的不一样,现在你可以让他拿你的蛋壳去试一试。令他不解的是,到了他的手中,你的蛋壳也不肯翻身了。

科隆(Frank Colon)与科尔姆(Fred Kolm)两位读者各自独立地给我送来了下面用一圈线与3只钉子来画鸡蛋的办法。图4.1给出了这种画法。图中的卵形线由6段椭圆弧组成,彼此之间都是相连并相切的。我把两封来信都转给了加拿大多伦多大学的著名几何学家考克斯特(H.S.M.Coxeter)教授。他在复信中答称,3只钉子的绘画法之所以少为人知,其原因也许是画出来的卵形线是由几段椭圆弧人工合成的,没有一个统一的、简单的方程

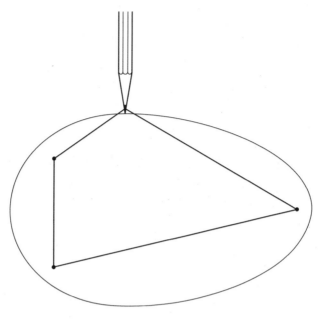

图 4.1

来生成它。他还加上一句,他个人偏爱的卵形曲线是三次方程

$$y^2 = (x-a)(x-b)(x-c)$$

但在作图时应忽略这一曲线趋向无限大的分支。

再说些趣事作为结尾:

除了《蛋的胜利》之外,安德森还写过一篇同类作品,名叫《牛奶瓶》,你可以在他的选集《马与人》中找到这故事。

小奥特布里奇(Paul Outerbridge, Jr.)在1932年画过一幅引人注目的油画"蛋的胜利",我本想复制后在此刊出以飨读者,由于展示其作品的洛杉矶画廊索要125美元的版权费,我只好作罢。

一个古老的谜题:生下一只立方体鸡蛋的母鸡说了些什么话。谜底是它痛得叫了一声"哎哟!"有个名叫布尼安(Paul Bunyan)的人讲过一个夸大得令人难以置信的故事(在博尔格(Jorge Luis Borge)的小说《虚构的野兽》

中又复述了一遍），说是有一种名叫"叽哩咕噜"的鸟，为了防止鸟蛋滚落到山脚下去，生下了立方体形状的鸟蛋。伐木工人把这些方蛋煮老后用来做骰子。

在《格列佛游记》里，作家斯威夫特（Swift）描写了一场残酷战争，目的只是为了寻找一种打开鸡蛋的合适办法。当然他是在嘲讽为宗教教义该作如何解释而开打的宗教战争。在鲍姆（L.Frank Baum）的《奥兹国》系列书中，诺门人生活在黑夜国的地下岩洞中，那是一片邻近奥兹国的神奇土地。诺门人对鸡蛋怕得要死，因为一旦他们碰了一下鸡蛋，就不能长生不老了，衰老与死亡的厄运行将难以避免。如果接触了鸡蛋的内部，他们将立即枯萎，被风吹走。

古希腊的怀疑论者埃姆披里古斯（Sextus Empiricus）——"经验主义"一词即来自他的姓氏——在他的一本书《反驳逻辑学家》的第二卷里曾说过下面一段话："其他人说哲学就像是一只蛋。伦理学像蛋黄，它决定了鸡的特征，物理学像蛋白，它是蛋黄的养料，而逻辑学就好像是包在外面的蛋壳。"

桑他耶拿（George Santayana）在其著作《地狱边界上的对话》的最后一章里，为亚里士多德的"四因说"给出了嘲讽性的解释，把它们都牵扯上了鸡蛋：动力因是母鸡的体温，鸡蛋的本体是其形式因，目的因是孵出来的小鸡，质料因则是"一个特定的蛋黄加上一个特定的蛋壳再加上一个特定的农场，在此基础上，其他三因才能发挥作用。然而，即便有如此众多的强力援助，千辛万苦地孵出来的个别小鸡仍然可能是跛足的和愚蠢的"。

第 5 章

纽结的拓扑学

"一个结!"爱丽丝喊道,永远准备着做个有用之人的她,焦躁不安地对着镜中的自己说:"啊,让我来帮助你解开它!"

——《爱丽丝梦游奇境记》第3章

对拓扑学家来说,纽结是栖身于三维空间的封闭曲线,用绳索或带子来模拟并作为平面上的投影加以图解往往是很有用的。倘若能熟练地摆布一条封闭曲线——当然不允许它穿过自身——使它投射到平面上时成为一条没有交叉点的曲线,那么这种纽结就称为"平凡的"。如果按照通常的说法,就可以说曲线没有打结。"链环"则是指两条或多条封闭曲线套在一起,若不把其中的一条曲线穿过另一条就不能使它们分开。

如今,纽结与链环①的研究已成为拓扑学的一个极为兴旺发达的分支,它同代数、几何、群论、矩阵论、数论以及数学的其他分支有着紧密的联系。只要去读一读纽沃思(Lee Neuwirth)的精彩文章《纽结理论》(《科学美国人》1979年6月),你就会对它的深度与广度了然于胸。不过我们在本文中只关心纽结理论中有趣的方面:即只要具有最初等的知识便能理解的趣题与奇事。

让我们从一个最肤浅的问题开始,尽管它十分浅薄,但也可以难倒掉以轻心的数学家。用一根绳子随手打个结,见图5.1所示。如果你把绳索的两端连在一起,那你就打出了一个被纽结论学者称为"三叶花饰"的结,它被认为是所有纽结中最简单的,因为它可以通过最少的3个交叉来进行图

---

① 我国古时称为"连环",例如益智玩具"九连环",词曲中也有"解连环"的词牌。——译者注

解(没有一个结的交叉数比3更小,除非是上面所说的平凡结,它连一个交叉都没有)。现在设想绳子的A端从后面穿过环圈,然后把两端抽紧。显然,这样一来,绳结就消失了。现在再把A端两度穿越环圈,如图上的虚线所示。现在我要问:当把绳子的两端抽紧时,绳结会消失吗?

　　绝大多数人猜想将会形成另一个结,但实际上,绳结将会消失。绳子的A端必须穿越环圈3次才会形成另一个结。在你尝试过以后,你将发现,新的三叶花饰结同原来的结不一样,它是原来的镜面映像。三叶花饰结是最简单的结,它不能通过摆弄绳索而变成它的镜像。

　　下一个最简单的结,即唯一最少只有4个交叉的结,就是图5.1的右边所示的8字结。它是非常容易转变为其镜像的,只要把它翻个身就行。如果摆弄一下绳子能使一个结变为它的镜像,这种结就称为"双向结",很像是一只橡皮手套,左、右手都可以戴。继8字结之后,下一个双向结有6个交叉,而且是唯一的六交叉双向结。随着交叉数的增多,双向结变得越来越稀罕。

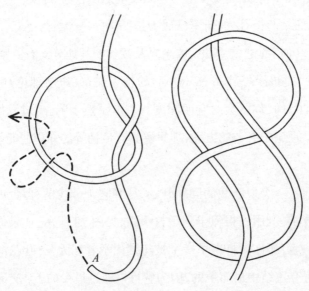

图5.1

  纽结的第二种重要分类法是把纽结分为交错结与非交错结两类。所谓交错结是指，如果把结画出来，你随它的曲线前进时不论走什么方向，总是会一上一下地交错越过交叉点。交错结有着许多值得注意的性质，是非交错结所不具备的。

  另一种重要分类法是把纽结分为素结与合成结两类。所谓素结，它们无法拆分成两个或两个以上分开的结。譬如说，方结与外婆结是非素型的，因为它们中间的每一个都能转变为两个并肩靠在一起的三叶花饰结。方结是手型相反的（一左一右）两种三叶花饰结的"乘积"；而外婆结则是手型相同的（同为左手型或同为右手型）三叶花饰结的乘积，因而与方结不一样，不能算双向结。但这两种结都是交错结。作为一个简易的练习，你不妨动手试一试，能否用6个交错的交叉点画出一个方结来。

  7个或7个以下交叉的一切素结都是交错结。在8个交叉所组成的纽结中仅有图25所画出的3个是非交错结。不管你怎样摆弄已打上这些结的绳子，你还是不能把它们摆为交错图形。图5.2右上角的结名叫"单套结"，底下的一个称为"环面结"。

  把纽结区分为两类的第四种基本方法是把它分为可逆转的与不可逆转的。设想在打结的绳索上有一个箭头表示曲线的方向。如果有办法摆弄绳子，使得结构依旧保持不变而箭头指向相反，则称此结为可逆转的。直到20世纪60年代中期，纽结理论中最令人困惑的、没有解决的问题之一就是不可逆的纽结究竟是否存在。7个或7个以下交叉点的纽结通过操纵绳子，早就发现它们是可逆的，而且除了一个8交叉结和4个9交叉结之外，其他情况亦然。这一情况直到了1963年，特罗特（Hale F.Trotter）（目下在普林斯顿大学任职）才在一篇令人惊奇的论文《不可逆纽结确实存在》中向世人昭告的（《拓扑学》杂志第2卷第4期，275—280页，1963年12月）。

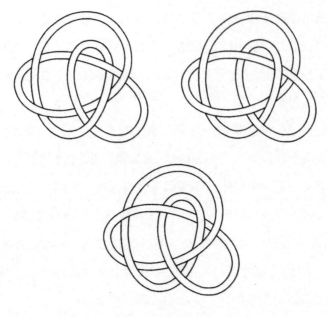

图5.2

　　特罗特描述了一族拥有无数成员的麻花结,它们都是不可逆的。这种结可用图画在类似麻花的表面(有两个洞的环面)上,没有任何交叉。也可以像图5.3那样,画成环绕在两个"洞"边的双股"辫子",也可以用3条扭转的纸带来做它的模型。如果双股发辫所围绕的只是一个洞,那就称为"环面结",因为它可以没有交叉地画在一只油炸面包圈的表面上。

　　特罗特找到了一个巧妙的证明:一切麻花结都是不可逆的,只要3条扭转纸带的交叉数是绝对值大于1的不同奇数就行。这时,正整数表示朝着一个方向扭转的辫子,而负整数则表示相反方向的扭转。其后不久,特罗特的学生帕里斯(Richard L.Parris)在其未刊出的博士论文中说,只要带符号的数值不相等,绝对值可以忽略,那么以上这些条件对不可逆纽结来说,既是必要的,又是充分的。这样,最简单的不可逆麻花结就是图5.3所示的那种结。它的交叉数3,-3,5使之成为一个交叉数为11的纽结。

74

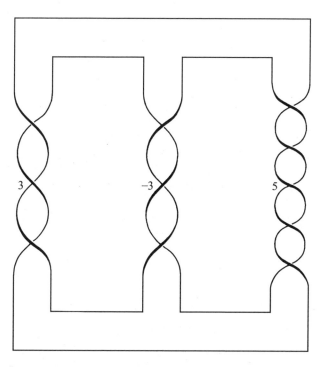

图5.3

现在已经知道,最简单的不可逆纽结是图5.4所示的双向8交叉结。首先证明它不可逆的是日本学者河内明夫(Akio Kawauchi)(《日本科学院会议录》,第55卷,系列A,第10期,399—402页,1979年12月)。按照哈特利(Richard Hartley)在其论文《不可逆纽结的鉴定》(《拓扑学》杂志,22卷2期,137—145页,1983年)中的说法,这是仅有的一个有着8个交叉的不可逆结。对9交叉结来说,这类结有2种;不过,对10个交叉的结来说,却一下子跃增到33种之多。以上所有36种结在前些时候都已被康韦宣布为不可逆,但根据不足,只是由于他未能做到把它们逆转而已。迄今为止,有11个交叉的结超过550种,但还没有对不可逆结作过鉴定。

1967年,康韦率先发表了11个交叉及以下的全部素结的分类(有几处

图5.4

小错误在以后重印时已经加以改正)。在罗尔夫森（Dale Rolfsen）的那本1990年出版的、很珍贵的著作《纽结与链环》中，你可以找到一些很清晰的插图，其中包括一直到10个交叉为止的所有素结，以及一直到9个交叉为止的所有链环。1或2个交叉，不能形成结；3个交叉有1种结；4个交叉也只有1种结；5个交叉则有2种，6个交叉有3种；7个交叉有7种；8个交叉有21种；9个交叉有49种；10个交叉有165种；11个交叉有552种；总而言之，11个交叉及以下共有801种素结。在我编写本文时，分类表已扩充到了14个交叉。

标记纽结的交叉，有多种奇特的方法，由此可导出一个代数表达式，它对于那个纽结的一切可能图示来说是不变的。早期的这类技巧之一，产生了所谓纽结的亚历山大多项式。这一多项式以1928年发现它的美国数学家亚历山大（James W.Alexander）命名。康韦后来也发现了一种美妙的新方法来计算"康韦多项式"，不过，两者名称虽异，实质上是等价的。

对于没有交叉的，不打结的"空结"来说，亚历山大多项式为1，有3个交叉的三叶花饰结，无论是左、右手型，亚历山大多项式为x^2-x+1，4个交叉的8字结，多项式为x^2-3x+1，作为两个三叶花饰结"乘积"的方结，其亚历山大多项式为$(x^2-x+1)^2$，即三叶花饰结表达式的平方。不幸的是，外婆结竟然也是同样的表达式。如果两种纽结图给出不同的多项式，那么它们肯定是不同的结，但其逆命题不成立。两种纽结可能有同样的多项式，然而它们仍然不同。试图找到一种方法，使任一种纽结都有一个表达式，它能适用于那种结的一切图像，且仅对那种结适用。这是纽结理论中一大未解决的问题。

尽管存在着一些判定一个纽结是否平凡结的测试办法，但它们非常复杂而冗长。正因为此,许多问题说说容易,解决起来却很困难,只好干脆拿绳索来动手试验。譬如说,能否用一根有弹性的绳子来捆扎立方体,使立方体的每个表面上都有一个像图5.5那样的上下交叉?换个角度说,你能不能用根绳子照此方式来捆扎立方体,当立方体脱开后,绳子上一个结都没有?

请注意,在立方体的每个表面上,交叉必取图示的4种方式之一,因而共有4^6=4096种捆扎方法。通过图示,捆扎可视为一种12交叉的纽结,即6对交叉,而每对交叉可取4种模式之一。提出本问题的人名叫欣克尔(Horace W.Hinkle),刊登在1978年的《游戏数学杂志》上。在该刊后来的一期(第12卷1期,60—62页,1979—1980年)中,谢勒(Karl Scherer)证明,通过考虑对称性,可以把有实质性差异的捆扎法数量减少到128种。谢勒然后不厌其烦地一一试验,他发现任何情况下,绳子都是打着结的。不过这也尚待他人证实,而且迄今为止,尚没有一个人能找到一种简单办法来解决该问题。用一根不打结的绳子来完成所要求的捆扎看来是不可能做到的。这种不可能性看来似乎非常奇怪,因为用扭曲一根橡皮筋带来捆扎立方体,使其在2个或4个表面上呈现上下交叉(其余表面上都是直接相交)是十分轻而易举的事,但在1个、3个或5个表面上办成这件事似乎不可能。人们于是猜想,6个表面大

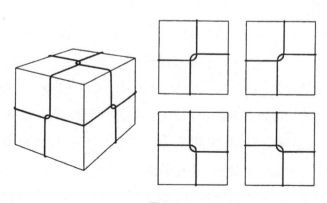

图5.5

概能行,但实际上却办不到。即使用上2根, 3根或4根橡皮筋带,似乎仍然不可能。

图5.6画出的一个令人高兴的纽结和链环游戏是它的发明者送到我这里的,此人名叫赫奇(Majunath M.Hegde),是一位在印度攻读数学的大学生。绳子的两端缚在一件家具——例如一把椅子——上。请注意,两个三叶花饰结形成了一个外婆结。给你的任务是:通过摆弄绳子与戒指,将戒指移到上面的结上,如图上虚线所示,其他一切必须保持不变。

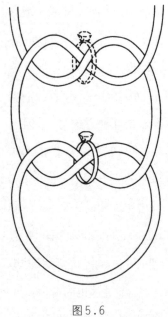

图5.6

如果你有正确的眼光,这是容易办到的。当然,不允许你把绳子从椅子上解开,也不准你松开一个结,将椅子从中穿过去。倘若你将绳子的两端设想为永久性地固定在墙上,这或许有助于解题。

把心灵感应现象同第四维空间联系起来曾一度被视为时尚。那时,一些弄虚作假的灵媒真的变过这种戏法:让人穿过一个环而使原有的绳结消失,或者在绳索上变出几个结来。闭曲线打结是三维空间独有的现象。在四维空间,所有的结都将消失。倘若你能够把一个没有打结的绳圈丢给一个四维空间生物,它把绳圈打好结之后丢还给你,那个结你是永远解不开的。在相信心灵感应的物理学家中间有一个传播很广的说法,认为灵媒能使物体自由进出高维空间。某些灵媒,例如美国的江湖骗子斯莱德(Henry Slade)就很会利用这种说法,在封闭的绳圈上假装打结来愚弄观众。策尔纳(Johann C.F.Zöllner),这位奥地利物理学家居然为斯莱德与高维空间整整写了一本书,它的英译本名叫《超越物理》(阿诺出版社,1976年),这本书倒是值得一读的,因为它提供了一个活生生的证据,表明一位有智慧的物理学家竟然会如此轻易地受骗,被一个聪明的魔术师愚弄。

有些科学家目前仍然着迷于纽结与环圈的戏法而不能迷途知返。两位心灵研究家考克斯(William Cox)和理查兹(John Richards)最近展出了一部有许多定格动画的电影,显示了两只皮革套环在鱼缸里时而勾连,时而解脱的情景。不过,《国家探究者》杂志对这一奇迹的采访报道(1981年10月27日)却指出:"事后检查证明,并无任何证据表明这些套环曾经分开过。"这一报道使我回忆起一则旧笑话。有位魔术表演者声称他用魔法把一只兔子从一个不透明的盒子里传送到了另一个不透明的盒子里。接着,他一只盒子都没有打开,又声称他将用"法术",把兔子再送了回去。

顺便说说,要做出两只套在一起的"橡皮筋圈"并非难事。只要在小宝宝练习咬嚼的橡胶环上画出两个套接的环,然后小心地切割开就行了。要把两个不同木质的环套在一起,可以在树上刻出一道槽,把一只木环埋入槽中,等上数年工夫,随着树木生长,自然而然地穿过了放入的木环。由于三叶花饰结是个圆环结,在小宝宝练习咬嚼的橡胶环上把它切割出来也并不困难。

我在此处讲到的一些戏法对斯莱德而言实在太简单了,但聪明程度远不如他的灵媒们偶尔也会用上一两次。你们可以在卡林顿(Hereward Carrington)的一本书《心灵学的物理现象·真真假假》(特纳公司,波士顿,1907年出版)的第二章中找到它们以及其他一些利用绳结的骗局的详细解释。一根长绳一端系在一位宾客的手腕上,另一头系在另一位宾客的手腕上。灵媒一阵念念有词,召来所谓"神明"①之后,所有的灯都开亮了,绳子上已

---

① 原文为Seance,是个法语单词,意思是"降神会"。——译者注

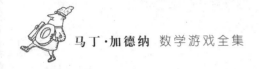

经打上了几个结。它们是怎样搞上去的呢?

全场灯光熄灭时,两位宾客肩并肩地站在一起。趁着一团漆黑之机,灵媒(或他的一名助手)将绳索挽成几个大圈,然后小心地把绳圈套过其中一人的头与身体,摊放在地板上。然后灵媒漫不经心地请那位客人向边上走几步,使他不自觉地从绳圈中跨了出来。于是,灵媒就可以把绳子抽紧,在绳子中央打出好几个很紧的结。向旁边走几步路似乎与后来出现的奇妙现象一点都沾不上边,故而不会有人记得这件事。如果在几星期之后再问那位客人,他是否曾经改变过他的站立位置,他一定会坚决否认曾经有过这样的事情。

彭罗斯(Roger Penrose)是英国的一位著名数学家与物理学家。他有一次曾向我表演过一个不寻常的戏法,结果会神秘出现一个结。彭罗斯是在读小学时发现它的。这一巧妙手法的基础是钩针编织、缝纫、刺绣时常见的连环针法。先用一根粗线或细绳在一端打好一个三叶花饰结,用你的左手拿着它,见图5.7中的第一步。然后,用你的右手大拇指与食指拿住线的A点处向下拉,形成一个环,见图中第二步。再拿住B点外继续往下拉出一个环(第3步)。接着,再次穿过最下面的环,拿住C点、D点,拉出新的环(第4

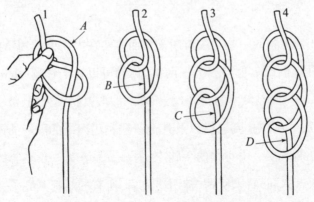

图5.7

步)。按照这种方式不断地做下去,直到形成一个极长的连环套。

用你的右手拿住连环套圈的最下端,将它抽紧然后对一位观众说,请他随意挑选一个套圈,用大拇指与食指把它捏住。在他这样做了之后,你把绳子两头抽紧。结果怎样呢?同人们预料的一样,所有的环圈都消失了,但当他把食指与大拇指分开时,却发现在他捏过的地方出现了一个打得很紧的结!

若干年以前,凯斯西储大学的数学家兰格(Joel Langer)有一个重要发现。他发现了用不锈钢丝打出他所谓的“跳跃结”的办法。先把钢丝打结,然后将其两端粘合。如果处理得当,可以把它压平,成为一个辫结状的指环。撤去指环上的压力,钢丝的张力就会使它突然弹跳起来,呈现一个三维的对称形状。现在,要使它恢复成原来的指环形状,成了一个令人头痛的难题。

1981年,兰格与他的助手奥尼尔(Sharon O'Neil)创办了一家他们叫做“为何是结”(Why Knots)的公司。你们可以从该公司买到3种漂亮的跳跃结:8字结,中国纽扣结以及数学家环。当你将它们从正方形的包装盒中取出时,它们会立即一跃成为一件漂亮的挂饰。8字结是最容易放回到原包装里的;中国纽扣结(之所以取这个名称,因为它在中国被广泛用作唐装上的纽扣)就困难得多了;但最困难的则是数学家环。

兰格对我讲,在美国,任何人只要汇10.50美元给“为何是结”公司,(P.O.Box 635, Aptos, CA 95003)就可买到这3种跳跃结。这些形状有助于理解18世纪的物理学家们是如何发展出一种在当时备受尊敬的学说的。他们认为,分子是真空中的以太(现在称为“时空”)旋涡所产生的不同的纽结。正是由于这样的思索与推测,导致了苏格兰物理学家泰特(Peter Guthrie Tait)对拓扑学的研究,并带领世界对纽结理论作了开拓性的系统研究。

补 遗

自从1983年写出本章以来,纽结理论取得了重大进展。时至今日纽结理论已成为最振奋人心,最活跃的数学分支之一。发现了数十个纽结分类的新的多项式。其中之一称为霍姆夫利(Homfly)多项式,它是以六位独立发现者姓氏的第一个字母组成的新词来命名的。目前,最重要的新表达式是1984年发现的琼斯多项式,发现人是新西兰数学家琼斯(Vaughan F. R. Jones),他如今在加州大学伯克莱分校工作。该多项式后来又由考夫曼(Louis Kauffman)与其他学者加以改进与推广。尽管这些新出现的多项式十分有力与惊人地简单,但迄今仍然无人能用一种代数工具来区分所有的纽结。有着不同多项式的结肯定不一样,但两种不同的结仍然有可能具有同样的表达式。

亚历山大多项式不能区分镜像纽结,另外,正如我们已经知道的那样,它也不能区分方结与外婆结。然而琼斯多项式却能区分以上两种情况。迄今为止,人们并未搞清楚琼斯多项式与别的新多项式所以能起作用的道理。正如巴纳德学院的一位纽结理论专家伯曼(Joan Birman)所说的,"它们是魔术"。

晚近的纽结理论中最令人震撼的发展竟然是,人们发现,要真正理解琼斯多项式,最好的途径是应用统计力学与量子论!剑桥大学的阿提耶爵士(Sir Michael Atiyah)是第一位看出这些联系的人,然后,美国普林斯顿高等研究院的威滕(Edmard Witten)在发展这种联系方面做了不少先驱性工作。纽结理论目前在超弦理论与量子场论方面有惊人的应用,前者把基本粒子解释为微小的环圈。总之,目前在物理学家与拓扑学家之间有着相当紧密的互动。物理学上的发现会导致拓扑学上的发现,反之亦然。没有人能预言它今后将走向何处。

纽结理论的另一个出人意料的应用是,拓展与加深了我们对巨大分子(例如聚合物)的结构与性质的理解,尤其是对DNA分子的性态的认识。两股DNA链可以纠结成一体,无法复制。除非用生化酶把它们分解开。为了弄直一股

DNA，酶必须把它们切开以便它们穿越自己或另一股，然后再把断端重新接起来。需要进行的切割与重接的次数决定了DNA分子的解拆速度。

有一个令人高兴的"三色试验"，可以判定一个纽结图形是否真正表示一个结。把图画出来，然后看一看你能否通过"弧"（即两个交叉之间的线段）的着色达到下列要求（每段弧只能着一种颜色，一共只有三种颜色可用）：要么是每个交叉点都有三种颜色汇聚，要么每个交叉点只有一种颜色，并假设至少有一个交叉点出现了三色。如果你能做到，那么这根线是打了结的。如果你做不到，那么此线可能打了结，也可能不打结。另外，三色试验也可用来证明两个纽结是否相同。

1908年，德国数学家泰齐（Heinrich Tietze）猜想，当且仅当两个纽结的"补形"——它们埋置于其中的空间的拓扑结构——相同时，它们才是一样的。他的猜想终于在1988年被两位美国数学家戈登（Cameron M.Gordon）与利克（John E. Luecke）证明成立。纽结的补形是一个三维结构，与之相比，纽结本身只是个一维结构。补形的拓扑结构远较纽结本身的拓扑结构复杂，当然，补形包含了纽结的全部信息。不过，对链环来说，这个定理并不成立，两个不一样的链环可以拥有完全相同的补形。

每种纽结与其补形结合起来成为一个群。就像代数多项式那样，两种结可以有同一个群，而同样的群不见得是同样的结。一位佚名诗人在英国《流形》杂志①（1972年夏季号）上发表了一首打油诗，把这种情况作了个小结，诗云：

> 一个结与
>
> 另一个结，

---

① 也有译为"簇"的。原文 manifold 为数学名词。中文名取义自文天祥的《正气歌》："天地有正气，杂然赋流形，下则为河岳，上则为日星。"——译者注

未必是

同样的结，

尽管

这个结的纽结群

与另一个结的纽结群

并不相异；

但若一个结的纽结群

是一个不打结的结的

纽结群，

那么

这个结必定

没有打结。

美国哲学家皮尔斯（Charles Pierce）在其著作《数学新要素》第2卷第4章中，解释了波罗蒙环（3个环从整体上看连接在一起，不能分开，但任意两个环之间都不连结）怎样从3个洞的圆环中切割出来。皮尔斯同时也解释了从两个洞的圆环中分割出8字结与单套结的具体办法。

帕里斯（Richard Parris）要大家注意，在我所提的问题中，捆扎立方体的4096种方法里，并不是全都打结的，它们中间的大多数都不过是2个、3个或者4个互相分离的环圈联接在一起而已。

答　案

图5.8告诉我们怎样把方结转变为另一种6交叉结。只要把图上由虚线表示的弧 a 翻过去，使之变成弧 b 就行。

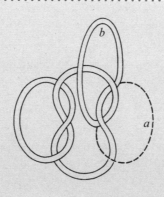

图5.8

图5.9给出了解决外婆结上的指环难题的一种办法:先把下面的结弄得小一点,然后把它向上滑行(带着上面的指环一同滑),穿过上面的结[图5.9(a)]。接着把它打开放大,这样一来,两个三叶花饰结就并肩地站在一起[见图5.9(b)]。把那个没有指环的结弄得小一点,再向下滑动,穿过另外的那个结。然后再打开,放大,难题就解决了[见图5.9(c)]。

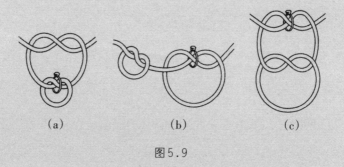

(a)   (b)   (c)

图5.9

第 6 章

帝国的地图①

看到颜色我就明白了。我们目前仍在伊利诺伊州上空。(哈克尔贝里·费恩正在同汤姆说话;他们正在乘气球旅行。)你可以亲眼看到印第安纳州还不在视线中……

颜色同这些事情有何联系?

每样东西都同颜色有关。伊利诺伊州是绿色的,印第安纳州是粉红色的……我在地图上见到过它,它是粉红色的。

——马克·吐温
《汤姆·索亚在海外》

伊利诺伊大学厄巴纳-尚佩恩分校的哈肯（Wolfgang Haken）与阿佩尔（Kenneth Appel）在1976年宣称，他们已经最终解决了著名的四色地图问题。正如读者们肯定已经知道，拓扑学中的这一著名猜想断言，画在平面或球面上的所有地图，如果，任何两个毗连区域（拥有一段共同疆界）不准使用同一颜色，那么在进行地图着色时，4种颜色的条件既是必要的，又是充分的。哈肯与阿佩尔，通过科克（John Koch）的帮助，证明了猜想真的成立，所用的办法是前所未有的计算机方法。他们的证明是一项极为杰出的成就，因而当他们在1977年发布消息以后，厄巴纳邮政局自豪地在邮戳上添加了"4种颜色足够了"的字样。然而，大多数数学家对四色猜想的这一证明有失落感，仍然深深地感到不满意。

一个多世纪以来，拓扑学家们要么认为四色猜想会找到一个反例（找到一张需要五色的复杂地图），要么相信一个简洁的证法迟早能够发现。尽管目前猜想已被证明为真，但却深深埋藏在耗费了1200小时计算机时间后打印出来的清单之中。想要验证结果的可靠性，这个任务太可怕了，只有为数极少的专家有这种精力、技巧与坚韧不拔的精神敢于试一试。然而，迄今为止，凡是做过验证工作的人都异口同声地承认这种证法的正确性。

在刊登于《哲学杂志》（第76卷第2期，57—83页；1979年2月）题为《四色问题及其哲学上的重要意义》的论文中,蒂莫志科(Thomas Tymoczko)[1]论证,这种冗长的计算机证明无异于在数学里头注入了经验元素。他写道,没有一个数学家看到了四色定理的证明,也没有人认为哈肯与阿佩尔的工作是个真正的证明。数学家们所看到的,不过是用计算机向问题发起冲击的程序,以及在计算机上所执行的一项"实验"的结果。蒂莫志科相信这种"证明"混淆了数学与自然科学之间的区别,从而增加了人们对于当代科学哲学家们的观点的信任,例如帕特曼(Hilary Putman)就把数学看作是一种"准经验主义"的活动。

支持这观点当然有其理由。一切数学证明都是人搞出来的,倘若证明极为复杂,人们出错总是在所难免。一个很难的证明的正确性取决于专家们的意见一致,而他们毕竟也有出错的时候。在四色定理的早期历史上就曾有过一个突出例子。1879年,一位英国数学家肯珀(Alfred Bray Kempe)发表了他的所谓证法,其后10年间,数学家们都认为这个问题已经解决了。可是,1890年,另一位英国数学家希伍德(Percy John Heawood)却指出,肯珀的论证中存在着一个致命的硬伤。

我的目的并不是要在这里费尽口舌去论证是否有一条足以区别"解析的"真理与"综合的"真理的明确界线的问题。我想说的只是,蒂莫志科大大高估了现代计算机同这个古老争论的相关性。在通常意义上,所有的计算都是以实验为依据的,也就是一切计算都涉及用符号进行实验,差别仅在于用脑子、还是用笔和纸、还是用机器。电子计算机(现在它对于困难的计算已属必不可少)的硬件和软件都会出错这一事实同一个人用算盘去乘两

---

① 原籍俄罗斯的美国数学家。其父是苏联元帅,第二次世界大战期间曾任苏联国防人民委员、最高统帅部大本营成员,在苏德战场上屡建奇功,是第二次世界大战中的名将之一。——译者注

个大数可能出错的事实之间并没有本质区别。由于可能产生这种错误就认为乘法表的正确性是以实验为依据的,进而把这类不可避免的错误看作自然科学难免有错的一个实例,在我看来,这是一种谬论。而且,哈肯—阿佩尔对四色定理的证明之所以不能肯定地使人满意,是在于无人认为它是简单的、完美的或者优秀的。哈肯和阿佩尔都认为不可能找到一个证明能够不需要如此大量地使用计算机,但这种看法自然也无法证实。倘若没有更简单的证法,那么哈肯—阿佩尔的证明就其依赖于计算机技术的程度而言,的确可称是一项新事物了。

这种情况在施瓦茨(Benjamin L.Schwarz)所编的《数学游戏和单人纸牌戏》一书中得到了很好的讨论。该书于1979年由纽约州法明代尔市的贝伍德出版公司出版,它是《游戏数学杂志》所刊文章的选编,我愿向读者诚心诚意地推荐它。施瓦茨在该书涉及四色问题一节的引言中写道:"因此人们可以问,哈肯和阿佩尔是否已经真正证明了他们所宣称的东西……我个人认为他们已经证明出来了……但是试验阶段还没有过去,别人还会去检验包含在其中的每一个步骤。由于大多数的检验步骤要用高速计算机算上成百小时,因此检验它们将是一项极其艰巨的任务。在我写这篇文章的时候还没有人做过这项工作。可能需要编写新的计算机程序,也许要改换另一台机器……是不是将会有一整套别的难解的数学问题……在取得计算机的大力支持下用新办法得以解决?或者这不过是一次侥幸成功而没有持久影响?四色定理的证明在数学里开创了一个崭新的时代,没有人能够知道它究竟会引向何方。"

1976年12月,一位独行其是的英国数学家斯潘塞-布朗(Spencer-Brown)宣称他有了一个四色定理的证明而并不需要计算机的检验,此举使他的同事们大为震惊。由于斯潘塞-布朗的高度自信以及他作为一个

数学家的声望而使他受到了斯坦福大学的邀请,举办了一个专家讨论会来讨论他的证明。3个月之后,参加讨论会的所有专家都一致认为证明的逻辑漏洞百出,但是斯潘塞-布朗回到英国后仍然确信证明的正确性。这个所谓的"证明",至今没有发表。

斯潘塞-布朗是一本古怪的小册子《形式的法则》的作者,这本书实质上是用一套古怪的符号来重新建立命题演算。英国数学家康韦曾经说过,这本书写得很好,但"不够严肃",可是它却有着众多反文化的仰慕者。在此要顺便提一下,在布朗宣称他已证出四色定理的消息在全世界的报纸上报道以后,1977年1月17日的《温哥华太阳报》上发表了加拿大不列颠哥伦比亚省的一位妇女的来信。她写道,布朗是不可能证明这个定理的,因为在《科学美国人》杂志1975年4月号上曾发表过一张需要5种颜色的地图。她所说的地图居然就是我的专栏里的一幅图,原是作为愚人节开玩笑的!

当拓扑学家们继续探索四色定理的简洁证明时,有些人也在研究四色问题的两个极为诱人但不太为人所知的推广或延伸,它们至今还未能解决。下面我将着重叙述泰勒(Herbert Taylor)给我的私人通信,他以前是加利福尼亚州州立大学诺斯里齐分校的数学家,也在加州理工学院喷气推进实验室工作过,现在则在南加州大学同戈洛姆(Solomon W.Golomb)一起研究电机工程。他还曾一度被评定为世界上3位最拔尖的非东方人围棋高手

纽结与出租车几何学

之一。[①]

正如泰勒所指出,将四色问题延伸拓展的途径之一是要研究这样一种地图,即在图上每一个要着色的国家或地区是由 m 个不连通区域构成的。如果某一国家的所有辖区都必须着上相同的颜色,那么要给任何这类地图着色,至少需要多少种颜色才能使凡是有共同边界线的两个区域都不用相同的颜色以便区别?泰勒将这个问题称为 m 区域问题,所需要的颜色数目则称为 m 区域的颜色数。

如果 m 等于1(即每个国家只有一个区域),则此问题等价于四色问题,哈肯和阿佩尔确定了颜色数为4。如果 m 等于2(不妨想象每个国家都有一块殖民地,其颜色应与本土的颜色相同),则颜色数为12。令人惊奇的是,这个结果就发表在希伍德1890年推翻肯珀的四色定理证明的同一篇论文里。也就是说,m 区域问题中,$m=2$ 情况的答案反而比 $m=1$ 情况的答案出现得早得多。在希伍德的证明中,他首先证明,对于任何正整数m,一张有 m 个区域的地图所需的颜色数不会超过6m。接着他又揭示出一幅需要6×2,即12种颜色的"2区"地图,他说这张地图是"多多少少通过经验主义的[②]办法获得的,真是来之不易。"见图6.1。

注意,希伍德的地图不具有对称性。泰勒发现一种相当对称的图案(可以通过把图6.2上方地图中标上字母的各区域收缩成为点而得出),但是最对称的地图是最近由金(Scott Kim)设计出来的。他是美国斯坦福大学的毕业生,他那张美丽的地图如图6.3所示。正如希伍德对他自己的地图所说过的话:"在12个两区国家的这样一种布局里将会产生哪些重要变化……这

---

① 西方人一般都认为,在围棋界称霸的总不外乎中、日、韩三国,其他人很难插足。——译者注

② 原文为empirical,和"m区域"的 (m-pirical)发音极为近似,此处有一语双关的意思。——译者注

93

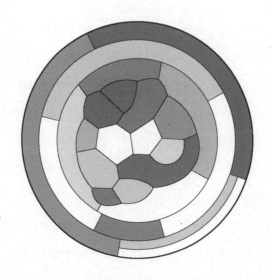

图6.1

个问题非常奇妙。即便得到了一张图,也不见得对这种问题能提供很多线索。"

希伍德确信,对于所有的m区地图,颜色就是$6m$种。对于$m=2$的情况,检查一下希伍德的地图或金的地图,你就会发现每一个2区都和其余的2区接壤,从而证明非得有12种颜色不可。希伍德认为,对于每一个m,都存在着类似的$6m$区域图,其中每一个m区都和所有其他的m区接壤。泰勒最近证明,当$m=3$时这个猜想是正确的。他所用的地图需要$6\times3=18$种颜色(见图6.4)。注意地图上仅有两个区域的编号为18,这个3区的第3个区域和地图的其余部分都不相连通,并可以在平面上的任何地方。

泰勒后来构画出需用$6\times4=24$种颜色的两部分地图,从而证实了$m=4$情形下的希伍德猜想。把这张地图的两部分想象为同一球面的两个"半球"(球面上的任何地图可以转换为一个拓扑等价的平面地图。这只要在任何一个区域内把球面刺一个洞,然后把这个洞拉开拉大,直到地图完全铺平为止)。注意,地图上每一个4区都和所有其他的4区接壤,这就证明了在4

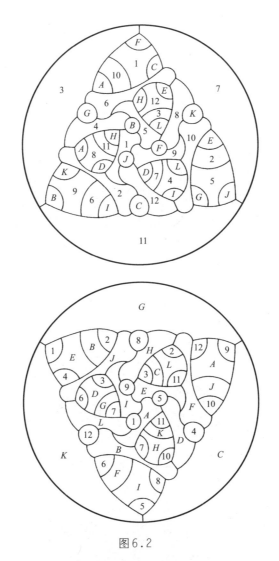

图6.2

区问题中必须要用24种颜色。这两项结果都是首次在这里发表的。对于 $m=5$ 及一切更大的 m 值,希伍德的猜想迄今仍被证实。不过,对于绘制在圆环面上的地图,泰勒最近已解决了 m 区问题。他已经把题为"圆环上的 m 区颜色数为 $6m+1$"的短文提交到《图论杂志》。然而,如果圆环上的洞孔不止一个,问题依然悬而未决。

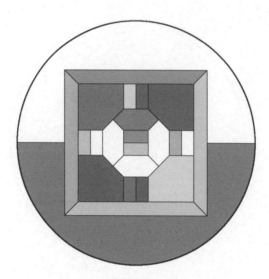

图6.3

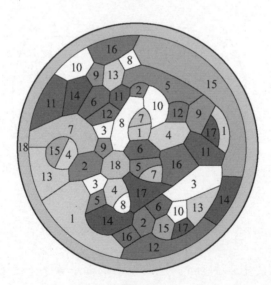

图6.4

1959年出版的讲述图形着色问题的一本德文书中,林格(Gerhard Rin-gel)提出了另一个与m区域问题密切相关的问题。假设火星已经成了地球上的国家的殖民地,而且每个国家在地球上有一块本国领土,同时在火星上有一块殖民地。任一区域都是单连通的，没有洞孔，而且殖民地与其宗主国要着上相同颜色。问题依然是要得出使两个球面上所有可能存在的地图都能涂色的最少颜色的数目。要求两个颜色相同的区域，其交界不能多于一点。由于球面上的地图与平面上的地图是等价的，所以可用平面上两张分开的地图来表述同样的问题。

林格证明，所有两球面地图的颜色数是8，9，10，11或12。12这个上界是从 m 区域问题的希伍德上界中推论出来的。推导如下：假设一对地图要求12种以上的颜色，那就有可能把它们转化为平面地图，并把它们联合起来而制成一张需要12种以上颜色的2区地图，从而违背了已经证明的上界$6m$。

林格推测，地球—火星地图的颜色数是8，这一假设在1962年被大大强化，当时巴特尔(Joseph Battle)、哈拉里(Frank Harary)和儿玉之弘(Yukihiro Kodama)等人，证明了一张两球面的地图不能用9个2区来制出而使每一个2区和其他所有2区都接触。但是在1974年，当时在印第安纳大学读书的大学生苏兰克(Thom Sulanke)把图6.5所示的一对地图寄送给林格，这两张地图也是第一次在此处发表。如果你想要给这11个2区着色，以使得有着同样号码的两个区域有相同的颜色，那么你就会发现必需用9种颜色！由此可见，给地球—火星地图着色，9种颜色是必要的，而12种颜色是充分的。至今没有人知晓能否制出要用10色、11色或12色的一对地图。

还可以把2球面问题同 m 区域问题结合起来。例如，假设 m 等于4，而每一个球面是一张地图，在地图上每个国家只有两个区域。如果你把图6.5想象成两幅分开的地图，一幅在地球上，一幅在火星上，那么他们证明，对于 $m=4$ 的情况，所需的颜色数是24。我们知道，24也是足够的，因为希伍德的上界 $6m$ 在这里适用，因此，这个问题得到了解决。泰勒推测，对于每个正偶

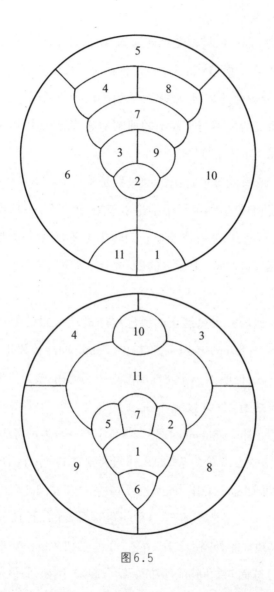

图6.5

数 m ,在以 $\frac{m}{2}$ 个球面构成的一个表面上,有一幅 $6m$ 个 m 区的地图,使得每一个 m 区在每一个球面上都有它的 m 个区域中的2个,而每一个 m 区都和所有其他的 m 区接界。

最后,我要提出一个有趣的着色难题,它同美国有关。把夏威夷以及其他州的不连接的部分(例如属于纽约州和加利福尼亚州的一些岛屿)略去不计,注意到美国大陆49个州的地图上,没有一个地方有4个州互相接界。(其他国家未必如此。例如,瑞士联邦有4个州互相毗邻:索洛图恩位于图形中央,它的周围是阿尔高、巴塞尔和伯尔尼。)这种情况提出了一个很有吸引力的问题:此时是否不要用四色,用3种颜色来给49个州着色就够了?

考虑这种可能性的另一种方法是研究"四色难题游戏",这种游戏的道具曾于1979年由诺茨公司投入市场发售,购买者邮寄6.95美元后可拿到两份美国大陆的拼板玩具地图。每份地图中,每一州都用单独一块拼板来代表,两张拼板地图中,表示同一州的两块拼板颜色不相同。游戏目的是要拼出一幅美国的四色地图,使互相毗邻的两州不用同样颜色(同四色定理的规定一样,颜色相同的州只可以有一个接触点)。现在再来把问题重新说一下:诺茨公司在制造他们的拼板地图玩具时是否只要用3种颜色就够了,即是否可以只用三色就能拼出大陆部分的美国地图?

答案是否定的,但绝大多数人感到极难证明。读者们是否能够提出一个简单证明来表明美国地图非用四种颜色不可?

补 遗

日本京都大学英文教授柯卡普(James Kirkup)就我的 m 区地图着色问题致函《豪斯曼学会杂志》,此信刊登在该杂志第7卷(1981年)第83—84页。信的开头部分写道:

尊敬的先生：

我是《科学美国人》杂志上《数学游戏》专栏的忠实读者，尤其对该刊 1980 年 2 月号上登出的特殊地图的着色问题深感兴趣。来自马克·吐温《汤姆·索亚在海外》的引语不禁使我想起了豪斯曼（A.E.Houseman）的名篇《布里登小丘》中的著名诗句：

一个星期天的清晨，

我和心爱之人在此处仰躺。

观赏四周多彩的原野，

倾听云雀直上云霄，

在我们的头上高声歌唱。

柯卡普把诗的第 3 行写成黑体。他想知道豪斯曼是否熟悉地图四色定理。

斯图尔特（Ian Stewart）在他为《科学美国人》杂志所写的一篇文章里（详见本章进阶读物）报告说，对 3 区地图（比如说一张在地球上，另一张在月球上，第 3 张在火星上）而言，颜色的最优数为 16、17 或 19。对 $m=4$ 或 4 以上的数来说，最优数则为 $6m$，$6m-1$ 或 $6m-2$。

金先生寄给了我另一幅引人注目的2区地图,现在把它复制在这里(见图6.6)。它可以折成一个截去部分角的立方体。金先生写道:"图上的六边形便是截面,正方形则与立方体的表面同心。图形的对称性显得很美(可以做成一只极妙的模型),但是稍为有一些误导的瑕疵。虽然每个帝国都拥有一个矩形与一个正六边形,但有两种不同的搭配方式。帝国1,2,4,7,8,9属一种类型。能够保持帝国类型的唯一对称变换是以六边形1,4,8的交点与六边形6,10,11的交点的连线为轴,做绕轴旋转。"

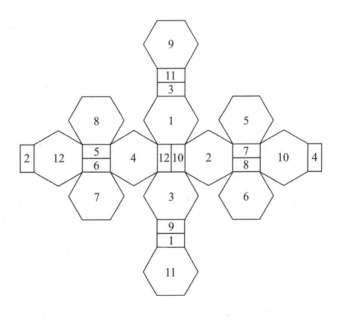

图6.6

答 案

我在本章中提出的地图着色难题选自迪内斯曼(Howard P. Dinesman)所编的益智读物《超级数学难题及其详解》(西蒙与休斯特公司,1968年出版)。它的解答如下:内华达州是被五个州所形成的环围绕的,这5个州是:俄勒冈、爱达荷、犹他、亚利桑那与加利福尼亚。内华达州用第一种颜色来着色,如果只有3种颜色,那么,周围的州为了避免与内华达州颜色犯重,就只好使用第二色或第3色,而且必须交替使用。由于"环圈"是由总数为奇数(5)的州构成的,从而无法避免毗邻两州使用同一颜色之弊,于是不得不用到第4种颜色。同样的论证可以适用于围绕西弗吉尼亚州的5个州所形成的环形区域,以及围绕肯塔基州的七州之环。

这种由奇数个区域所成之环,其性质在地图着色理论中所起的作用十分重要。现在可以考虑将它应用于鲍姆的奥兹国[1]。奥兹国是由5个区域构成的,每一区域都有主导景观:碧绿的翡翠城的四周围绕着黄色的温基乡、红色的桂特林乡、蔚蓝的芒奇金乡以及紫色的吉利金乡,再外面包围着奥兹国全境的则是死亡大沙漠。由于4是一个偶数,所以奥兹国的地图只要用3种颜色就够了。话虽如此,可是事实上没有一位奥兹国的绘图员不用5种颜色来表示奥兹国,而用第6色代表周围的沙漠。

① 美国著名作家弗兰克·鲍姆写过一本名著《奥兹国的巫师》,被誉为世界上最优秀的童话书之一,早年传入中国,译为《绿野仙踪》,1938年,好莱坞有同名电影,当年曾轰动一时。——译者注

第 **7** 章
有向图与吃人者

汽车里的陌生人:"我要到格雷厄姆街与哈拉里大道交叉口,该怎么走?"

人行道上的当地人:"你从这里出发,到不了那儿。"

在图论中,图被定义为由线段联结的点的集合,至于一幅简单图则被定义为没有圈(从一点出发又回到其自身的线段)也没有平行线(联结同一对点的两条或两条以上线段)的图。如果图中的每条线段都加上箭头,即指明每一个线段方向,从而规定了端点的顺序,则此类图形称为有向图。有向的线段叫做弧。有向图是本文的主题,上文引述的老笑话也并非欺人之谈,因为在某些有向图中,从一个指定点到达另一个指定点确实是做不到的。

如果每一对点都有一条弧联结,则有向图称为是完全的。例如,图7.1的左图是4个点的完全有向图。右侧的图为有向图的邻接矩阵,其构建方法如下:把有向图设想为一幅单行道的地图。从A点出发,直接可通达的点只有B这一事实在矩阵的第一行(该行对应于A)可以标记为,在与B相应的

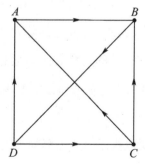

图7.1

105

列与此行交叉处记上1,其他各列与此行的交叉处都记为0。矩阵的其他各行也用类似的方式确定,从而使得矩阵与有向图等价。一旦给出了邻接矩阵,有向图也就唾手可得。

有向图的其他重要性质可以用其他种类的矩阵来展现。例如,距离矩阵的每个元素给出了最少的线段数,它们形成了与图形上的箭头相一致的、从一点到另一点的有向通路,其中任一点都仅仅经过一次,不能重复。类似地,迂回矩阵中的元素则给出了任意一对点之间最长有向通路中的线段数。而可达矩阵则(通过0或1)表示从一个给定点能否通过任意长的有向通路到达另一点。如果每一点都可通到其他任一点,则有向图称为强连通的;否则,将存在一对或多对的点,你“没有办法由此达彼”。

下述定理是完全有向图的最基本、最令人惊讶的结果之一:在完全有向图上,不论箭头如何设置,总会有一条定向道路使每一点正好被访问到一次,这种通路被称为哈密顿通路,以纪念爱尔兰数学家哈密顿(William Rowan Hamilton)。哈密顿曾把一种游戏玩具投放市场,所依据的图等价于十二面体的骨架,要求找出所有的通路,使到访之点只限于一次,并能回到起点。有此类性质的闭合回路名叫哈密顿回路(在本系列《〈悖论与谬误〉中的第6章谈到了哈密顿游戏)。

完全有向图定理并不能保证每一个完全有向图总存在一条哈密顿回路,但它确实能保证至少有一条哈密顿通路。令人更加惊奇的是,情况表明,总是有奇数条这样的通路。例如在图7.1的完全有向图上有5条哈密顿通路——ABDC, BDCA, CABD, CBDA与DCAB。它们之中,除了CBDA之外,其他都能扩展为哈密顿回路。

这一定理可表示为别的形式,这要取决于怎样去解释图的意义。例如,完全有向图也经常称作竞赛图,这是因为它可以模拟循环赛的结果。在这种比赛体制中,每一位玩家要同其他玩家对阵一次。如果 A 打败了 B,就画一条从 A 到 B 的线。上述定理保证,不论比赛结果如何,所有的参赛者都可以排出名次,名次靠前者总是可以打败直接排在他后面的那个人。(此处假定比赛像打网球那样,一定要分出胜负,不能打成平局。如果双方允许赛成平局,则它们之间可以用无向直线来表示,这时的图可称为混合图。混合图总是可以转化为有向图,只要把每一条无向直线代之以两条方向相反的平行线就行。)

竞赛图也可以用来表示比赛以外的种种别的情况。生物学家们已经用它来画出一群小鸡之间的咬啄顺序;更一般地,可用来描述一群动物中,任意两只动物之间的优劣强弱关系。社会科学家们用竞赛图来描写人与人之间的支配与从属。总而言之,竞赛图可以为人们提供方便,在他面对任意一组事物的两两比较选择时,定出孰先孰后的优先或偏爱顺序,例如喝哪种牌子的咖啡,选举中投谁的票,等等。在所有这些情况下,上述定理能保证把问题中的动物,人,物……按高低,上下,先后……等排成一条线性的长链。

要证明这个定理是不容易的,但为了使你相信它的正确性,不妨去尝试一下把 n 个点的完全图进行标记,使它不产生哈密顿通路。这个任务无法完成,使人不禁想起了数学家康韦所建议的铅笔与白纸游戏。有一张完全图,两位对局者轮流地在图上的任何一条无向线段上添加箭头,凡首先画出一条哈密顿道路的人就算是输家。上述基本定理担保此种游戏不会打成平局。不过,康韦发现,除非图上的点数在 7 或 7 个以上,否则这种游戏玩起来并不有趣。

图 7.2 中的有向图曾作为一道难题,出现在 1961 年 10 月的剑桥数学年刊《尤里卡》上。虽然它不是一幅完全有向图,但由于箭头布置得很巧妙,从

马丁·加德纳 数学游戏全集

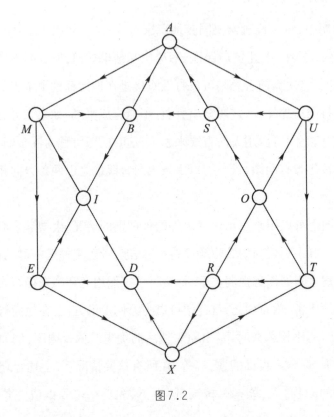

图 7.2

而只有一条哈密顿回路。把此图视为单行道的地图，要求你从 *A* 点出发，驾车沿网络行进，走过各交叉路口正好一次，最后回到 *A* 点。试问你应该怎样走?(提示:你可以用手里的铅笔来描出行进路线)。

有向图可以提供不少趣题，也可用作工具以解决无数难题。譬如说，可以用来演示折纸图案的翻折方式，在解决筹码与滑块难题以及棋子的巡回路线等问题时也可提供一些有价值的帮助。包括马尔可夫链等知识在内的概率问题用了有向图解析往往可以迎刃而解。在两人博弈中，每走一步就会改变游戏的状态，在这种情况下，寻找获胜的最优策略总是可以从探讨一切可能走法的有向图而觅得。甚至像国际象棋这样复杂的博弈游戏，原则上也可以通过探查其有向图来"解决"，不过，这种图形无比巨大而复杂，

108

几乎不可能画得出来。

在运筹学领域，有向图显得特别有价值，它们可用来解决复杂的规划问题。让我们来考虑一项必须执行一系列工序的生产过程。如果每道工序都需要固定的时间，必须先完成某些工序才能开始别的工序，这时就可以设计一个有向图来制定最优的工序流程。在图上作业时，每道工序用一点来表示，在它的旁边标上数字，表示完成这道工序所需的时间。完成各道工序的先后顺序可用加箭头的线段来标明。为了定出最优方案，需要仔细搜索有向图，必要时可利用计算机，以找出可用最短时间完成全部作业过程的"关键路线"。①复杂的运输问题也可用类似方法处理。譬如说，有向图的每条线段可代表一条道路，并在其上标明某一种特定货物的运费，然后通过聪明的算法找到一条定向通路，使得从一地到另一地的总运价为最小。

有向图也可作为棋盘用于某些不寻常的棋类游戏。以色列魏兹曼科学研究所的数学家弗伦克尔（Aviezri S. Fraenkel）在这方面非常有创见。他与塔西（Ugi Tassi）和叶沙（Yaacov Yesha）合写的论文《3种歼灭游戏》（见《数学杂志》第51卷第1期，13—17页；1978年1月），很好地介绍了一类称为"歼灭游戏"的有向图游戏。1976年，由弗伦克尔同北伊利诺伊大学的埃格尔顿（Roger B. Eggleton）一起发明的绝妙游戏《神箭》由渥达企业集团投放以色列市场，其后通过康涅狄格州格林尼治休闲学习产品公司在美国分销。

另一种弗伦克尔游戏名叫"交通堵塞"，可以在图7.3所示的有向图上玩。在A，D，F，M四处各放一枚硬币，参与者轮流行动，每次可以按图上的箭头把任何一个硬币移到邻近的点上，不管该点上有无硬币都可以，也就

---

① 此即华罗庚先生所说的"统筹方法"，请参阅其著作《统筹方法平话及补充》。他将"关键路线"（critical path）命名为"主要矛盾线"。——译者注

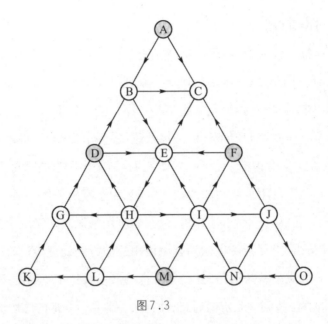

图7.3

是说,每一点上可以停留的硬币数不限。注意,在连到点C的所有箭头都是指向C的,图论专家们把这种点称之为"汇"(也译为"坑"或"穴")。反之,若在一点处,所有的箭头都指向外面,这种点称为"源"(如果把图形模拟为家禽之间的啄咬,则"汇"便是所有别的小鸡都可以咬啄的那只可怜的小鸡,而"源"则代表那只啄咬任何其他小鸡的霸王鸡)。对本图而言,只有一个汇和一个源。(一个完全有向图至多只有一个汇和一个源,你能看得出其中的道理吗?)

当所有的4枚硬币都落到C点时,由于下一步无处可去,轮到谁走,谁就是输家了。康韦在他的《论数与游戏》(学术出版社,1976年)一书中,证明了当且仅当先走者的第一步从M走到L时,他一定能赢。否则对手可胜或者打成平局(当然要假定双方都没有错着)。利用康韦研究出来的强有力的游戏理论,可以彻底分析这类游戏,不管开局时棋子放在哪里都行。

有一种古老而迷人的趣题可以通过有向图来分析,那就是人们熟知的渡河难题。这种古典怪题在麦卡锡（Mary McCarthy）的著名小说中被称为"食人者与传教士"。该问题的最简形式是：有3位传教士与3个食人者在河的右岸，打算利用一只小划子摆渡到左岸去。划子很小，一次至多只能搭载2个人。食人者毫无人性，不论在左岸还是右岸，只要人数占优（多出一人就行），传教士就会被杀来吃掉。现在问你：所有的6个人都能安然渡河吗？如果能行，试问最少要渡几次？（我不想在这里与人争辩同类相食的行径是否真的在某种文化中一度流行。）

施瓦茨在题为"渡河难题中的一个解析方法"的论文（《数学杂志》第34卷第4期，187—193页；1961年3、4月合刊）中，曾经解释过怎样利用有向图来解决这类问题。然而他的办法并不是直接利用有向图，实际上用的是它们的邻接矩阵。我在这里要讲一个方法值得大家加以比较，用的是有向图本身。该方法始见于弗雷利（Robert Fraley）、库克（Kenneth L. Cooke）与德特里克（Peter Detrick）的论文《渡河难题的图解法》（《数学杂志》第39卷第3期，151—157页；1966年5月）。该论文后来又经重印，并增加了补充材料，作为《算法，图与计算机》一书（库克、贝尔曼（Richard E. Bellman）和洛基特（Jo Ann Lockett），学术出版社，1970年）的第7章。下面的讨论就是根据该章内容编写的。

设 m 为传教士人数，c 为食人者人数，现在考虑右岸的各种可能情况（没有必要去考虑左岸情况，因为右岸的情况完全决定了左岸的情况）。由于 m 可以等于0，1，2，3，c 的取值也是如此，所以一共有4×4=16种可能状态，它们可以通过图7.4所示的矩阵来表示。在这些状态中，有6种

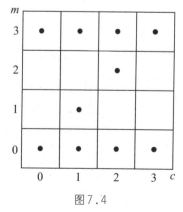

图7.4

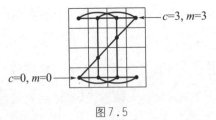

图7.5

是不能接受的,因为在河的一岸上食人者比传教士多了,余下的10种可接受状态则在矩阵的相应位置上加点以作标记。

下一步是要用线段联结这些点,以显示可接受状态之间的逐步转移,即把1或2人摆渡到对岸去。其结果便是图7.5中的无向图。通过加上箭头的办法表明每次转移的方向,从而将图7.5转变为混合图。在将无向图变换为混合图时,必须满足两条规则:

1. 我们的目标在于形成一条有向"通道",其起点位于右上角($c=3$, $m=3$),终点讫于左下角($c=0$, $m=0$),从而使所有食人者与传教士安抵左岸。(之所以改称"通道"而不叫"通路",在于按照定义,由"通路"到访同一点不能超过一次。)

2. 向下、向左的每一步必须与向上、向右的每一步交替行进,因为向下或向左的每一步意味着小划子从河的右岸到左岸的去程航行,而向上或向右的每一步对应于返程航行。

只要记住这些规则,很快就能解出本难题。它共有4种解法,见图7.6所示。不难看出,每种走法都要用11步完成转移。请注意,在所有的4种走法中,第3步到第9步是完全相同的。之所以会有4种解法,是由于前两步有两种办法可走,而后两步也有两种相应的走法。

如果问题改变为要把4个食人者与4位传教士运送过河(其他一切条件都不变),当然还是可采用有向图分析技巧,则结果表明,问题无解。设想摆渡船变大了,每次可以容纳3人,但无论是在船上还是在岸上,食人者的人数都不能超过传教士人数,以防不测。在这些条件下,最少9步即可将8个人全部送到对岸去。5位传教士与5个食人者也可以用能容纳3人的小船

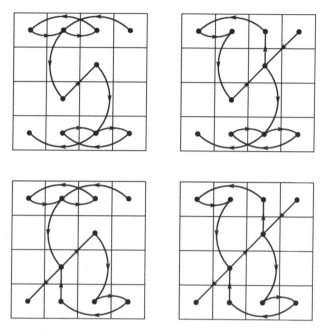

图 7.6

送过河去（需要 11 步），然而 6 个食人者与 6 位传教士则不行。

容易看出，若小船能容纳 4 人或更多，那么任何一群人数相等的传教士与食人者都可以太平无事地摆渡过河。这件事干起来十分容易，只要有一个食人者与一位传教士来回撑船，每次把一个食人者与一位传教士运送过河，直到全部工作结束为止。现在设 n 为食人者人数（或传教士人数），若小船能载 4 名乘客，则问题可用 $2n-3$ 步解出。如果小船的载客量为大于 4 的偶数，自然每次摆渡过河的就可以不止一对食人者与传教士了。在河的两岸始终保持相等数量的传教士和食人者，这种策略在图 7.7 中表现为问题矩阵中沿着对角线的辫结模式。总而言之，这种九步的有向图解决了 n 等于 6，小船可乘 4 人的食人者和传教士渡河难题。

在船的载客量为大于或等于 4 的偶数时，对角线法总是能给出最优解。

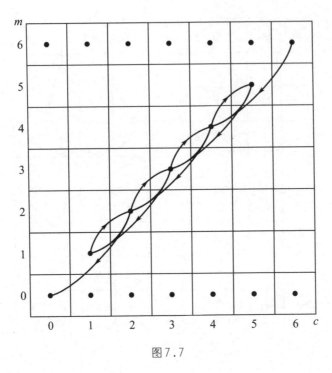

图 7.7

如果食人者的人数 n 比船的载客量（大于4的偶数）正好大1，那就总有一个5步的最小解。实际上对角线法要比上述最后的例子所表现的更加有效得多。如果渡船的载客量为大于4的偶数，对角线法总是可以对各种情况的食人者人数（从 $b+1$ 到 $\frac{3b}{2}-2$，此处 b 是小船的载客量）提供5步的最小解。

如果小船的载客量为奇数，则沿着对角线往下移动的办法未必总是能给出最优解。例如，若 n 等于6，而小船能容纳5人，则对角线法将给出与图45一样的9步解，然而，该问题实际上还存在一个7步解。更一般地，倘若小船的载客量为大于3的奇数而且比 n 小1，则总会有一个7步的最小解。对6位传教士和6个食人者而小船能容纳5人的渡河问题，你能否找出众多7步解中的一个呢？这是多达无限的众多例子之一，而且最简单，即小船容量为奇数时，始终存在一个较诸对角线法更为优越的解法（在这里，我忽略了

114

那种浅显的情形，即小船的奇数载客量为一人或3人，其时对角线法根本不能用）。下一个最简单的例子是 n 等于10，而小船能容纳7人。

有向图法几乎能适用于任何种类的渡河问题。有一个著名问题，其历史至少可以追溯到公元8世纪，提到3名嫉妒的丈夫与他们的妻子打算乘船渡河，小船只能容纳两人。如果一个妻子任何时刻都不能单独同别的男人在一起，试问这些人怎样才能过河？如果你为了解决此题而作有向图，也许会感到惊奇，因为它同经典的传教士—食人者问题一样，可以用同样的4个通道去解决，且无其他答案。唯一的不同点——这也适用于这一趣题的嫉妒丈夫变型的推广——即应考虑男女之间的配偶关系，而在传教士与食人者问题中，这是不必考虑的。

许多趣题书中都收录了一些更加奇奇怪怪的传教士和食人者问题的变型。譬如，在某些情况下只有某人会划船（在经典问题中，若只有一个食人者与一位传教士能够划船，则答案需要摆渡13次）。小船也可能除了有最大载客量，还有最小载客量（多于一人）。有的问题则改为传教士人数可以超过食人者，而且在任何时刻传教士人数都必须占优势才能保证安全。或者，河中有个小岛可以作为中途停留地，某几对人也许要专门挑出来，因为他们互不相容，单独留下来太危险。

最后提到的这类问题中有一道古老的益智题（其历史也可以回溯到8世纪）。有一个人带了狼、羊、白菜，打算划船过河，每次只能带一样东西。他不能把狼与羊留下来，也不能把羊与白菜留下来。在这种情况下只有两个最小解，每个解都需要7次摆渡。其中的一个解答见图7.8，此图出处是柯尔杰姆斯基（Boris A. Kordemsky）的《莫斯科谜题》（斯克里布纳之子公司，1972年）。有兴趣的读者可以从英国趣题专家杜德尼的书中找到他所选辑的大量渡河问题。

图7.8

现在,还留下一点篇幅可以让我再讲一个有向图趣题。厄尔多斯(Paul Erdös)曾证明,在 n 点完全有向图上,当 n 小于7时,不可能把箭头放得使在任意两个指定点之间存在着某个第3点,从该点出发,只要一步就可分别到达前面所说的两个点。图7.9便是一个7点的完全图。不妨把这些点看做是由单行道连接起来的市镇。你的任务就是要给每条道路添上箭头以便对任意指定的两个市镇,都存在一个第3市镇,你可以直接从那里开车到达这两个市镇。本问题只有一解。

这类图形通常称为竞赛图,点表示参赛人,箭头则表示谁打败了谁。按

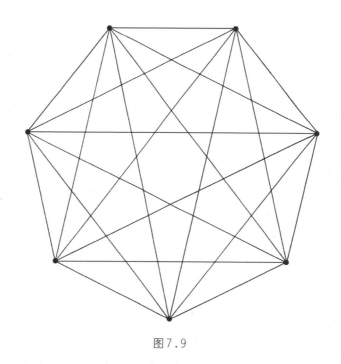

图7.9

照此种解释,少于7点的图都不可能显示出下列性质,即对任意两名参赛者,总是有一个第三者,可以同时击败这两个人。7个点是具有上述性质的最小的图形。它没有传递性。不存在"最佳"选手,因为任何人都可以被别人击败。

补 遗

哈拉里是第一位定义距离矩阵、可达矩阵以及迂回矩阵的人,他也是首先引入许多其他图论术语的学者,这些词如今已被视为标准术语,例如强连通有向图与弱连通有向图,等等。林格之所以要把哈拉里的著作《图论》视为经典,把他尊为"图论教皇",其原因就是由于哈拉里创造了"图论"这个词。

多年以来,哈拉里一直在发明与解决图上的两人博弈问题。他将获胜者达到某一预定目标的博弈定名为"获得型博弈"。倘若第一个被迫达到目标的人是输家,则称之为"回避型博弈"。遗憾的是,除了偶而一见的少量论文之外,他在这两种类型博弈方面所做的大量工作至今仍未公开发表。

作为哈拉里的有向图游戏之一,他曾在1980年致我的一封信中介绍过一个他称之为"拥戴国王"的游戏。每一幅竞赛图(即一幅完全有向图,图上任意两点之间都由一条"弧"或有向线段联结)中,至少存在着一个名为"国王"的点,从其他任何点到该点的距离是1或2。这就是时有所闻的"小鸡国王定理"。

在这种"拥戴国王"游戏中,开局时是一幅n点的无向完全图。先走者可在任一线段上画一个箭头,究竟选哪一条线段当然无所谓,因为完全图是对称的,所有的线段都一样(哈拉里调侃地说,当第一个箭头画下时,后走者及所有旁观者都大声高喊:"好厉害的妙着啊!"),谁首先制造出一位"国王"——即所有的点与之距离为1或2的点——谁就是赢家。通常这种情况出现在所有各条线段的定向完成之前。不过,在"回避型"游戏中,被迫造出一位"国王"的算是输家。此事一般发生在几乎所有线段都画上箭头之后。

斯沃斯莫尔学院的莫勒(Steve Maurer)在小鸡国王定理方面做了许多研究工作。每一幅竞赛图——即每一幅完全有向图——都至少有一个"国王",然而没有一幅图会正好有两个国王。倘若有两个国王,那就必然还有第3个。如果把图上的点解释为小鸡,那么可以啄咬任何其他小鸡的自然就是这群小鸡中的唯一的王了。被所有别的小鸡啄咬的鸡不可能是国王。有奇数个点(小鸡)的图可以纯由"国王"组成。这些定理在题为"小鸡封王"的妙文中为爱动脑子的读者提供了充满乐趣的一页。这篇文章的作者是卡弗(Maxwell Carver,真名斯潘塞(Joel Spencer)),见《发现》1988年3月号第96页。

有向图也为人们提供了一种简洁的、鲜为人知的图解方法来处理形式逻辑中的命题演算问题。请参阅《使用有向图的命题演算》一文,此文由我与哈拉里合作撰写(从而赋予我第一个厄尔多斯数2)。它发表于剑桥大学的学生数学杂志《尤里卡》,1988年3月号,第34—40页。这一技巧也见于我的著作《逻辑机与逻辑图》第二版的附录(芝加哥大学出版社,1982年)。

答　案

　　唯一的哈密顿回路可以从A开始,然后按照单词AMBIDEX-
TROUS(词义为:非常灵巧熟练的)的顺序画出箭头。再之后的一
步是从S回到A,以表示对《科学美国人》杂志的敬意。

　　图7.10画出了一幅有向图,它是众多的7步解法之一,解决了
6位传教士与6个食人者安全渡河的难题,小船的载客量为5人。

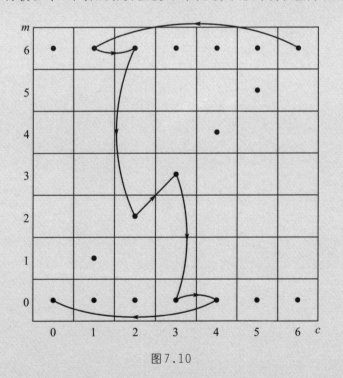

图7.10

　　厄尔多斯问题可以通过7点完全图上添加箭头的办法来解
决,见图7.11所示。当然,点和它们之间的连线可以任意重新排
列,由此提供的解法尽管表面上不具有对称形式,但实际上所有

的解从拓扑学观点来看都是一样的。请参阅厄尔多斯的论文《图论中的一个一般问题》(《数学公报》第47卷第361期,第220—223页;1963年10月)。

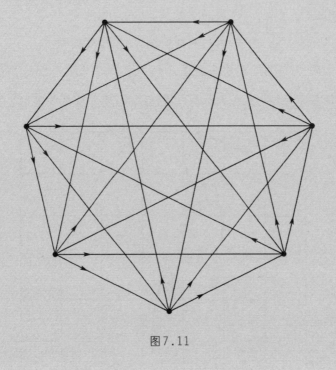

图7.11

第 8 章
晚宴客人，女中学生与戴手铐的囚犯

有位女士打算邀请15位朋友吃饭。她希望每天招待3位朋友,连续35天,而且希望作出安排,使3人中任何两人都只会面一次。试问这种安排可能不可能?

这个问题与其他类似问题都属于组合学的一个广泛领域,称为区组设计理论。它在19世纪曾被人深入研究过,当时视为趣味数学问题,不过是逢场作戏的消遣,但后来却渐渐演变成为统计学中的一个重要课题,特别是在科学实验的设计方面。区组设计理论中有一个小小分支专门处理斯坦纳三元系,其中有个简单实例便是赴宴宾客问题。瑞士几何学家斯坦纳(Jacob Steiner)在19世纪开创了对这些系统的研究。

一般来说,斯坦纳三元系是将n个物体配置成三元组的一种安排,要求三元组中任一对物体必须出现一次,而且只出现一次。容易看出,对数应为$\frac{1}{2}n(n-1)$,而所需的三元组数须为对数的三分之一,即$\frac{1}{6}n(n-1)$。当然,仅当每个物体都在$\frac{1}{2}(n-1)$个三元组中时,斯坦纳三元系才有可能存在,而这三个数目当然必须都是整数。这发生在n为模6同余1或3时,即n除以6时余数为1或3。由此可知n可取的值应为3,7,9,13,15,19,21…。

倘若只有3位宾客赴宴,问题自然极其简单:他们都在同一天光临就行。由于斯坦纳三元系是不讲顺序的,解法当然唯一。对7位宾客来说,唯一解为:(1,2,4),(2,3,5),(3,4,6),(4,5,7),(5,6,1),(6,7,2),(7,1,3)。三元组孰先孰后,以及组内各数的先后顺序都可以按你的意志任意改变,不影响基本模式。另外,连号数也可交换。为了说明此点,不妨设想每位客人的衣服上都有一个钮扣,上面刻印着号数。若有两位或更多位宾客任意交换钮扣,新组合与老组合被认为是完全一模一样的。

同样,9位客人也有唯一解,而13位客人则存在两个解,至于15位宾客,则很早以前就知晓,问题有80个基本解。尽管已经证明,对 n 的每一个值都有解,但当 n 大于15时,不同解的个数仍属未知。对 $n=19$ 而言,存在着几十万个解。

让我们把斯坦纳三元系搞得略为复杂一点,使之更加有趣。设想女主人决定用一星期时间,每天都邀请15位好朋友来吃饭,共开5桌,每桌3人,她要求每对朋友只有一次坐在同一桌上。

我们的新问题同组合数学历史上一个最著名的问题,柯克曼女生问题等价。此问题的命名是为了纪念柯克曼(Thomas Penyngton Kirkman)牧师,他是19世纪英国兰开夏郡克洛夫特的教区长,任职逾50年之久,是一位业余数学家。尽管他在数学上纯属自学,并无师承,但由于他的发现极富独创性而且丰富多彩,因而入选英国皇家学会。除了组合数学外,他还在纽结理论、有限群与四元数方面做过许多重要研究。射影几何里有一个著名的构形叫帕斯卡神秘六角形(在一条圆锥曲线上有6个点,各点之间以一切可能的方式以直线相互联结),其中就有一些交点称为柯克曼点。

柯克曼以说话尖刻出名,他经常把矛头对准斯潘塞(Herbert Spencer)的哲学。他对斯潘塞进化定义的嘲弄经常为人们所引用:"通过别的什么东西的连续变化,并且粘在一起,原来说不出什么不一样的彻头彻尾的完全一样,变成或多或少总体说来并不全然相似。"①

柯克曼的女生问题最初是于1847年刊登在《剑桥与都柏林数学杂志》第2卷第191—204页,后来又出现在《1851年贵妇与绅士日记簿》中。原题是这样的。有位老师在整个星期里每天都要带15个女生去散步。在散步时,女学生们分成3人一组。试问,这位老师能否构建这种3人组,使得在7天散步中,任何两名女生都有一次而且只有一次在同一个3人组里?

这个问题的任何一种解答当然是一个斯坦纳三元系。但n=15的80个基本解中只有7个是女生散步问题的基本解。这里,斯坦纳三元系还要添加一个要求,即所有的三元组在集合成群时,每一群都要把所有的女生全部包括进去,一个不准遗漏,这样的三元系,名为柯克曼区组设计。

此时,女生的对数仍应是 $\frac{1}{2}n(n-1)$,散步所需的日数应为 $\frac{1}{2}(n-1)$,女生人数必须是3的倍数。显然,仅当n为3的奇数倍时,以上这些数才是整数。于是,可能值的序列应是3,9,15,21…,而斯坦纳三元系的其他值就被排除了。以上序列中的每个值是否都存在着解呢?自从柯克曼提出问题以来,已经发表了一大批论文,其中有不少还是著名数学家所写的。n=3的情形,依然是个极其浅显的平凡解,3名女生只要一起散步就行了。n=9来说,9名女生用4天散步只有一个唯一解:

$$123 \quad 147 \quad 159 \quad 168$$
$$456 \quad 258 \quad 267 \quad 249$$
$$789 \quad 369 \quad 348 \quad 357$$

类似于斯坦纳三元系,在一个3人组中的数字是不问先后顺序的,因而

---

① 斯潘塞是社会进化论和社会超级有机体论的代表。根据他在《第一原则》中的定义,进化是一个不断延续的过程,是事物不断改进为复杂和连贯的形式的过程。柯克曼故意用重复而且连在一起的词语,以示讽刺。——译者注

不管数字次序如何安排,也不管在每一集群中3人组如何排列,数字与数字是否互相交换,全都不受影响。由以上这些排序的变化所得到的变异都认为是同一个解答。

有许多神奇的方法可用来构建柯克曼方案,其中也包括几何方法。有一个办法曾使勒尔(Ramón Lull)为之狂喜,这位13世纪的西班牙神学家在其得意杰作《大艺术》中讲述了利用同心旋转的圆盘作辅助工作来探讨符号组合的方法。为了找出 $n=9$ 时本问题的解,可以先画一个圆,并等距离地

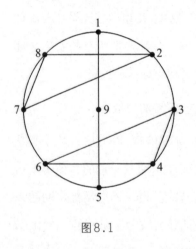

图8.1

写上数码1至8。再用硬板纸做一只同样的圆盘,用大头针穿过圆心,把它们钉牢。将圆心编号为9。在圆盘上画一条直径,作两个不等边三角形,见图8.1所示。

现在可以把外面的圆盘按顺时针方向(逆时针方向也行)一步步地转动,这样可以得到4个不同位置(第五步将使模式回复原状)。每一步都把直径的两端与圆心以及两个三角形的3个顶点记录下来,4

天所需要的三元组安排就这样被圆盘的4次转动确定了下来。由此所得到的答案表面上看来似乎不同于女生问题的解答,但如果以2代5,3代7,4代9,5代3,6代8,7代6,8代4,9代2(留下1不变),你就可以得出完全一样的分组方案。在圆盘上画三角形以产生新解的唯一不同办法是画出图中所示模式的镜像,但这种办法不可能得出新的方案。

从1922年以来,对于 $n=15$ 的情形,已知存在7种基本解,它们都可以从带有或不带直径的不同三角形模式中产生出来。其中5个三角形的一种模式见图8.2。这时,每次必须将圆盘转动两个单位以得出7个不同位置,而每

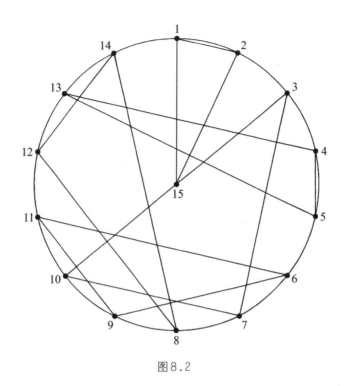

图8.2

个位置三角形的顶点提供了一个三元组,每天有5个三元组。

　　需要注意的是,圆盘上任何两个三角形都不能是全等的,否则将在总体方案中出现三元组的重复。柯克曼方案的经典作品,可参看鲍尔(W. W. Rouse Bell)的《数学游戏与随笔》第11版第10章,该书已由考克斯特重新修订过。在该书第12版(多伦多大学出版社,1974年)中,该章已由塞德尔(J. J. Seidel)彻底重写过,也很有价值。新写的这一章删除了这些方案的早期发展史,代之以探讨该问题与许多重要课题的联系,例如仿射与射影几何、哈达马矩阵、纠错编码、拉丁方以及高维空间的几何学等等。

　　对 n 的任一可能值,是否都存在一种柯克曼方案?令人惊讶的是,此问题竟一直悬而未决,直至1970年,美国俄亥俄州州立大学的雷乔杜里(D. K. Raychaudhuri)与威尔逊(Richard M. Wilson)才得以证明答案是肯定的。

然而,对 $n=21$ 及一切更大的值,解的个数仍属未知。欲知以上证明,请参看《组合数学》中的论文《柯克曼女生问题的解》(《纯粹数学专题讨论会论文集》,第19卷,187—203页;1971年)。

柯克曼设计有着许多实际应用。下面讲一个把 $n=9$ 的设计应用于生物实验的典型做法。设想有位研究者打算探讨9种不同环境对某种动物的影响。已知此动物有4个种,而每头动物所受到的影响又取决于它的年龄:未成年、完全成熟、年迈体衰。每一个种随机指定为4个群之一。每个群有3个三元组,每一个都是从各个年龄段随机挑选出的动物。现在就可按照每个群9只的分布模式来给每头动物指派9种环境之一。通过此种模式设计,人们可以用最简单的统计方法分析实验结果,不再受到不同年龄段与种群差异的牵制,正确判定环境对实验动物的影响。

我在上文已经讲过柯克曼如何引入一个附加条件而把斯坦纳三元系转化成一个新型的区组设计问题。1917年,英国趣题天才杜德尼曾经在柯克曼设计上又加上一个新奇的限制,从而引发了另一个区组设计问题(参见《亨利·杜德尼的代数趣题》[①]一书及其遗著《趣题与怪题》中的问题287。)

杜德尼趣题的第二个故事这样开始:"从前有9个穷凶极恶的囚犯需要严密看守。从星期一到星期六,他们每天都要被狱警上好手铐之后,出去放风,如一位狱警所画的草图所示(见图8.3)。不过,在任何一周中的任何一天,任何两名犯人都不能两次铐在一起,以防他们串供或密谋越狱。星期一他们出去放风的情况如图52。你能否在剩下的5天中作出类似的安排?要注意,1号囚犯与2号囚犯不能再铐在一起了,左、右两边都不行。同理,2号与3号也不能铐在一起。不过,1号与3号却是可以的。因而,此问题与15个

① 《亨利·杜德尼的代数趣题》,亨利·杜德尼著,周永涛译,上海科技教育出版社,2015年。——译者注

女生的问题有所不同,是一个很具魅力
的动脑筋题目,把业余时间消磨在上面
以寻求解答者定将获得相当丰厚的
回报。"

　　杜德尼曾给出了一个解答,却没有
解释它是如何得来的,也没有说是否还
有与之类似的其他解答。不过,利用上
文所介绍的西班牙神父勒尔的两只圆
盘的办法,却能很轻松地解答。图8.4给
出了一对例子。每只圆盘每次顺时针方
向转过3步。三角形的3个顶点组成三
元组,其中间的数必须是图上附有黑点
的数。

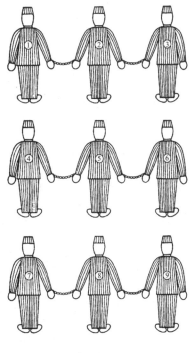

图8.3

　　每一只圆盘生成图8.4下方表格中
的3个群,每个群都具有轮转性。就是说,倘若把第一个群中的每个数都加
3(以9为模),那就可以得出第二个群。类似地,第二个群可以生成第3个
群,而第3个群又转回第一个群。本解答并不是从杜德尼所给出的第一个模
式开始的,但通过数字的交换,很容易得到那个模式。

　　杜德尼在解出趣题后取笑道:"如果某个读者在冬日无事愿意找个难
题来啃啃,那就不妨让他去试一试,怎样安排21个囚犯放风,同上面一样,3
人一组地铐起来,要求15天之内,任何2个人铐在一起的机会不超过一次。
对此他应该会说,这任务不可能完成。此时,我们可以写出一个完美的解
答,但这道题目确实是一颗难啃的硬核桃!"

　　这题目真的很难。据我所知,第一个发表的解法出现在黑尔(Pavol

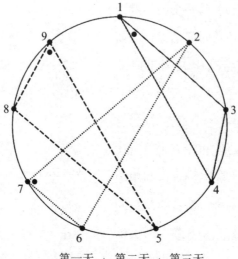

	第一天			第二天			第三天		
——	4	1	3	7	4	6	1	7	9
······	2	7	6	5	1	9	8	4	3
- - -	5	9	8	8	3	2	2	6	5

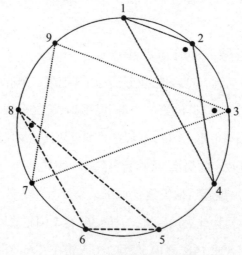

	第四天			第五天			第六天		
——	1	2	4	4	5	7	7	8	1
······	7	3	9	1	6	3	4	9	6
- - -	5	8	6	8	2	9	2	5	3

图8.4

Hell)与罗莎(Alexander Rosa)的论文《上手铐囚犯与均衡P-设计的图解法》一文中(见《离散数学》第2卷第3期,229~252页;1972年6月)。

在我说出解法之前,需要先对戴手铐囚犯问题作些一般性的说明。囚犯的对数应为 $\frac{1}{2}n(n-1)$,同斯坦纳三元系与柯克曼设计一模一样。但由于添加了新的限制条件(手铐),把所需天数拉长到 $\frac{3}{4}(n-1)$ 天,且仅当此表达式取整数值时,问题才有解答。而相应的 n 值正好是柯克曼设计可能值的一半,即序列9,21,33,45,57,69,81,93…,相邻两数之间的差为12。

1971年,黄(Charlotte Huang)与罗莎发表了 $n=9$ 时334个基本解的分类。但在奥伦肖夫(Dame Kathleen Ollerenshaw)与宇宙学家邦迪(Hermann Bondi)一一检查这些解时,发现这334个解中有两个是重复的。现在认为,真正的解的数目应该是332个。当 n 值大于9时,解的数目至今尚不清楚。罗莎认为,$n=21$ 时,解的个数多达数百万。黑尔与罗莎业已证明,无穷多个 n 值都有解。除了 $n=57,69$ 与93之外,对一切小于100的 n 值,他们也已给出了寻找循环解的办法。威尔逊(他曾帮助解决柯克曼女生问题)已经证明,n 的一切值全都有解。

图8.5给出了黑尔与罗莎发现的 $n=21$ 时的循环解。第一个7天形成一循环集,可由圆盘生成,其中7个三角形的顶点对应于每日方案中的三元组。圆盘每次转动3步。拥有7个三角形的第二只圆盘与之类似,可产生第二个7天的方案。至于第15天的方案,则在图中的最右边给出。两个循环集中,某一天的方案可转化为下一天的方案,只要在每个数目上加3(模为21)就行,最后一天[①]的方案照这样做时又可回归到第一天的模式。黑尔与罗莎也对 $n=33$ 与 $n=45$ 的情形给出了与此类似的循环解。

———————————————

① 指第7天或第14天,并非第15天。——译者注

1

1	8	18
2	4	20
3	7	15
10	11	6
5	16	21
19	9	17
13	12	14

2

4	11	21
5	7	2
6	10	18
13	14	9
8	19	3
1	12	20
16	15	17

3

7	14	3
8	10	5
9	13	21
4	15	2
11	1	6
7	18	5
19	18	20

4

10	17	6
11	13	8
12	16	3
19	20	15
14	4	9
7	18	5
1	21	2

5

13	20	9
14	16	11
15	19	6
1	2	18
17	7	12
10	21	4
4	3	5

6

16	2	12
17	19	14
18	1	9
4	5	21
20	10	15
13	3	11
7	6	8

7

19	5	15
20	1	17
21	4	12
7	8	3
2	13	18
16	6	14
10	9	11

15

1	3	2
4	6	5
7	9	8
10	12	11
13	15	14
16	18	17
19	21	20

8

1	4	19
7	16	9
10	2	6
13	17	8
11	14	20
5	12	21
3	18	15

9

4	7	1
10	19	12
13	5	9
16	20	11
14	17	2
8	15	3
6	21	18

10

7	10	4
13	1	15
16	8	12
19	2	14
17	20	5
11	18	6
9	3	21

11

10	13	7
16	4	18
19	11	15
1	5	17
20	2	8
14	21	9
12	6	3

12

13	16	10
19	7	21
1	14	18
4	8	20
2	5	11
17	3	12
15	9	6

13

16	19	13
1	10	3
4	17	21
7	11	2
5	8	14
20	6	15
18	12	9

14

19	1	16
4	13	6
7	20	3
10	14	5
8	11	17
2	9	18
21	15	12

图8.5

女生问题与囚犯问题都可以推广到四元、五元、六元……等情况。这种推广引来了不少深奥难题,其中许多问题远未解决。数以百计的相关问题出现在趣题书中,大都附有生动的故事,其内容涉及座位安排、体育竞技、入会资格以及其他各种组合问题。例如,我经常被问到,怎样组织桥牌俱乐部的 n 名成员(n 必须是4的倍数)使他们能够每天坐在 $\frac{n}{4}$ 只台子上,前后持续 $n-1$ 天之久,要求做到每两位参与者都只"搭档"一次,每两位参与者都恰好对局两次。

桥牌问题看来似乎十分简单,但实际上荆棘丛生,直到数年前才完全解决。完整的分析可以查阅特拉华大学贝克(Ronald D. Baker)的论文《惠斯特比赛》①(见《第六届美国东南部各州组合数学、图论与计算数学会议论文集》,温尼伯市实用数学公司1975年出版,作为《数值数学会议论文集》丛书的第14卷发行。)贝克在文中说明了求解的具体方法(除132,152,264之外的一切 n 值)。之后,以色列数学家哈拿尼(Haim Hanani)解决了 $n=132$ 的情

① 惠斯特牌戏是包括惠斯特桥牌、定约桥牌和竞叫桥牌在内的纸牌游戏的总称。——译者注

形,贝克与威尔逊还解决了 $n=152$ 与 $n=264$ 的情形。

就大多数 n 值而言,解是通过圆盘旋转(每次转一步)而得出的。图8.6 给出了 $n=4$ 与 $n=8$ 的情形。产生解的步骤十分直截了当。从1(圆盘的中心)至2引一线段,再画另一线段连接其他两点。每条线段的两个端点表示桥牌搭档,两对搭档是同一牌桌上的对手。倘若还有第二张牌桌,那就得用另一种颜色的线段去连接多出的两对来安排座位。牌桌越多,需要用到的颜色也越多。

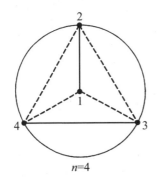

第?天	牌桌1	
1	12	34
2	13	42
3	14	23

$n=4$

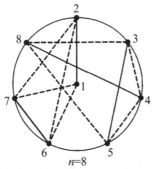

第?天	牌桌1		牌桌2	
1	12	67	35	48
2	13	78	46	52
3	14	82	57	63
4	15	23	68	74
5	16	34	72	85
6	17	45	83	26
7	18	56	24	37

$n=8$

图8.6

当且仅当两个条件都得到满足时,这些线段的配置才产生一个循环解。首先,没有两条线段是等长的(长度由线段跨架在圆周上的单位数来计量)。除了作为半径的线段以外,线段的长度必须是从1到 $\frac{1}{2}(n-1)$ 的连续整数。其次,如果每张牌桌上的对手都用线段连接(图上用虚线表示),则每一长度都只能在圆盘上出现两次。

线段的位置主要由试探法确定。对一切n值,并没有一套已知的步骤足以保证得出正确模式。一旦得出了一种模式,就意味着作出了第一天的座位安排。然后转动圆盘,其余日子的安排也就出来了。最后方案的每一栏都是循环的,一旦定出了第一天的座位安排,不需要转动圆盘就可迅速定出其他日子的座位了。不过,当n=132,n=152,以及n=264时,配置是不循环的,也许通过数字的重新排列,仍有可能把它们置于循环形式。按照贝克的说法,n的一切值都有循环解,然而目前还缺少一种可以把它们找出来的一般算法。

现在让我留给你一个趣题。你能否为12位桥牌玩家设计一个圆盘,来安排一轮满足一切所需条件的循环联赛?

补 遗

斯潘塞的进化定义见于其著作《首要原则》,是这么说的:"进化是一种变化,从一个不确定的、松散的、同质的属性,经过连续不断地分化与综合,演变为确定的、有凝聚力的、多样化的属性。"柯克曼的戏谑调侃之言见于其著作《没有假设的哲学》(1876年),紧接着他还问道:"随便哪个人,能证明我的理解不恰当,不公正吗?"斯潘塞反唇相讥,认为不公正。他在《首要原则》后来版本的附录B里作了长篇大论的答复,抨击了柯克曼,认为柯克曼与同意其攻击进化论观点的数学家泰特,这两个人的心态极为怪异,很不正常。

涉及7位宾客的斯坦纳三元系的解答同一种名为恰扎尔(Császár)多面体的奇异立体有着密切联系。这种立体有一个洞,它是除了四面体之外唯一没有对角线的立体,这意味着连接任意两只角的直线统统都是立体的棱。在我的著作《时间旅行与其他数学迷魂阵》(1988年)的第11章中对这种立体有所描述,并告诉读者制作模型的方法。

本章所述内容曾在1980年5月的《科学美国人》发表过。后来我收到斯坦福大学计算机科学家克鲁特的一封长信,提供了丰富的资料,使我得益匪浅。

当我在20世纪60年代早期攻读组合数学时,传统说法都认为斯坦纳三元系的首创人就是斯坦纳,是他在1853年提出的,并在1859年被赖斯(Reiss)解决,已知的最巧妙的解法则是穆尔(E. H. Moore)在1893年提出的。然而,有一天,我在查阅柯克曼女生问题的一本错引的参考文献时,竟然发现柯克曼不仅早在1847年就提出了所谓的"斯坦纳"三元系问题,而且还巧妙地解决了一切形如 $6k+1$ 与 $6k+3$ 的 n 值问题,并对 $6k$ 与 $6k+4$ 形的 n 值给出了最大近似解。为此我向霍尔(Marshall Hall)通报了有关文献的事,而且正好赶在他的著作《组合论》出版之前(1967年)。柯克曼的女生问题是另一篇论文的主题,我想它一定同一年发表在同一杂志上。他的第一篇论文居然被人遗忘了一百多年,真是一桩怪事。之所以如此,原因或者是他曾经对 $3k+2$ 的情形作出过不正确的证明,对于这类情况,他的论证可以释义为:"此处是一个美妙的结构,它必然是最可能的,因为上帝不需要一个比它更复杂的最佳答案。"

我在《计算机程序设计艺术》第3卷《分类与搜索》的习题6.5—10中,把他的正确的结构压缩到不足一页,实际上要比穆尔在1893年发表的、受到高度赞扬的"斯坦纳"问题的解法还要简易得多。

答　案

图8.7给出了上述问题的两个解答,为12位桥牌玩家设计了一种竞赛方案,每天有3张牌桌,前后持续11天,每人与任何其他人都有一次搭档机会,而作为其对手有两次。第一天的配置由一圆盘给出,搭档与牌桌台子均由相应颜色的实线与虚线表示。将圆盘按顺时针方向一步步地转过即可得出剩下10天的安排。除图上的两种解答外,尚有不同的圆盘模式,并由此产生另外的解答。建议读者自己去把它们求出来。

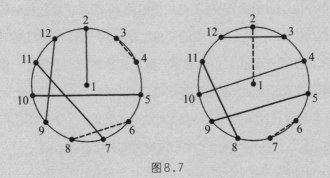

图8.7

第 9 章
大魔群与其他散在单群

什么样的夺目紫色，

又可以互换？

只能是

一束阿贝尔的葡萄①

——无名氏的数学谜语，时间

约在1965年

---

① 葡萄的原文为grape，其发音与字形都类似于数学名词group（群）。——译者注。

在 20世纪70年代的后半期，世界上称为群论的抽象代数分支中的几乎所有专家们都在企图征服一个被康韦取绰号为"大魔"的一个单群。这个诨名来自它庞大的身躯。1980年，当它的结构得到确定之后，证明它拥有的元素个数为 808 017 424 794 512 875 886 459 904 961 710 757 005 754 368 000 000 000，即

$$2^{46} \times 3^{20} \times 5^9 \times 7^6 \times 11^2 \times 13^3 \times 17 \times 19 \times 23 \times 29 \times 31 \times 41 \times 47 \times 59 \times 71$$

赤手空拳擒住这只怪兽的人名叫小格里斯（Robert L. Griess, Jr.），那时是美国密歇根大学的一位数学家。不过格里斯不喜欢"大魔"这种叫法，宁愿称之为"友善的巨人"，或者干脆使用它的数学代号 F_1。他的发现给群论专家们带来了巨大的兴奋与鼓舞，因为这一消息意味着他们辛苦耕耘已逾一个多世纪的任务接近收尾：这项艰巨任务就是一切有限单群的分类。

有关这项伟大事业的悲欢离合的故事开始于一声枪响。1832年，一位法国数学天才与激进派的大学生伽罗瓦（Évariste Galois）为了争夺一个女人，在一场愚蠢的决斗中饮弹身亡，当时他还不到21岁。尽管在此之前，关于群论已有一些早期的、片断的工作，但正是这位伽罗瓦奠定了现代群论的基础并为之命名，这一切都出现在决斗前夜他写给一位朋友的一封悲怆的诀别长信中。

群是什么?粗略地说,它就是施加于某些事物之上的一种运算的集合,必须具有以下性质:即若集合中的任意一项运算继之以集合中的任一运算所得的结果也可由集合中的某个单一运算作用于该事物而得出。有着上述性质的运算称为群的元素,它们的个数称为群的"阶"。

在进入更确切的定义之前,让我们先看一个例子。倘若你正在"立正"待命,要执行以下4个指令中的任何一个:"站着不动""向左转""向后转""向右转"。现在假定你必须执行"向左转"的命令,再继之以"向后转"。诸如此类的一系列动作称为运算的相乘。请注意,这一特定的乘积也可以由单一运算"向右转"来获得。以上4个运算的集合就是一个"群",因为它满足下列公理:

1. 封闭性:集合中任意两个运算的乘积与某个单一运算等价。

2. 结合性:任意两个运算的乘积再继之以任一运算,其结果等同于在第一个运算之后继之以第二与第三运算的乘积。

3. 恒等性:存在着一个没有效应的运算,就本例而言,即站着不动。

4. 可逆性:任一运算都存在一个逆运算,执行一个运算与它的逆运算,相当于执行恒等运算。就本例而言,向左转与向右转互为逆运算,而站着不动 (恒等运算)与向后转则是它们自己的逆运算。

满足以上4条公理的任何运算的集合是一个群。而我在上面所举的4个口令的集合叫做四元循环群,它也可以用排成一行的4个物体的循环排列来模拟。(在一组有序元素的循环排列中,一般是第一个元素移到了第二个的位置,第二个元素移到了第三个的位置……依此类推,直到最后一个元素移到了第一个的位置)。现将4个物体记为1,2,3,4,并设它们按数字顺序排列为1234。恒等运算 (我将称之为I)使这些物体的排列顺序不变。运算A则使排列顺序变为4123,继之运算B,变为3412,而运算C的结果是

2341。这个群可由图9.1右上角的乘法表完全确定。表中行列交叉点的地方相当于执行该行左边的运算再继之以该列上方的运算后所得到的结果。如果对上文所说的第一个模型来作出这种类似的结构（令I,A,B,C表示4种口令，即"站着不动""向左转"等等），则可得出同样的表格。这就证明了四元循环群与4种口令所成的群是同构的，它们互相等价。

请注意四元循环群的乘法表是关于其主对角线呈对称的。表格的这一特性意味着这个群是能满足乘法交换律的，任何两个运算之积，不管谁先谁后，都是一样的。表现出此种特性的群称为阿贝尔群，以纪念挪威数学家阿贝尔（Niels Henrik Abel）。n个物体的任意循环排列生成一个阿贝尔群，它同一个正n边形的定向守恒旋转群是等价的（如果一个图形的定向在旋转前后完全保持同样的位置，则称该图对于旋转是守恒的）。由此可见，四元循环群也可通过正方形的定向守恒旋转来加以模拟。

阶数为1的群只有1个，即只有恒等运算的平凡群。不难看出，这一运算能够满足所有4个群的定义准则。譬如说，倘若你连续两次站立不动，依旧还是站立不动，什么事情都没有干。封闭性的要求当然也能满足。独一无二的二元群几乎同样肤浅乏味。这个群的乘法表也显示在图9.1中，它可以用施加在一枚一分硬币上的两个运算来模拟：对硬币秋毫无犯（I），把硬币翻个身（A）。阶数为3的群也只有1个，即三元循环群，它等价于3样物体循环排列的集合，同等边三角形的定向守恒旋转集也是等价的。阶数为4的群有2个：即四元循环群与另一个所谓的四元克莱因群。

四元克莱因群很容易通过以下作用在两个并排放置的分币上的操作来模拟：什么事情都不干（I），将左侧的分币翻个身（A），将右侧的分币翻个身（B），把两个分币都翻个身（C）。从图9.1所示的乘法表可以看出，这个群也是阿贝尔群。

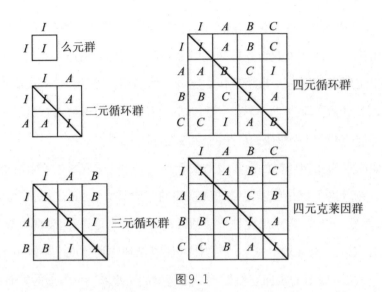

图9.1

非阿贝尔群的最简单例子是施加在等边三角形上的6个对称操作的集合:恒等变换,顺时针方向旋转120度,逆时针方向旋转120度,沿着正三角形三条"高"中的任一条翻转。为了证明这个群的元素不能满足乘法交换律,可以用硬纸板做成一个正三角形,并标记其3个顶点,然后按顺时针或逆时针方向旋转120度,再沿着一条高翻转;你可以用不同的先后顺序来做这两个操作,然后比较其结果。如果正三角形的每个顶点都用不同物体来标记,则此六元素群是与3个物体的一切排列所构成的群等价的。

为了测试你对群的概念究竟理解与掌握了多少,建议你暂停一下,先来考虑以下的3个模型。

1. 一叠扑克牌由4张牌面向下的牌组成。现在定义以下几种操作:恒等变换(I);对调这叠牌中上面的两张牌(A);对调下面的两张牌(B);取出中间的两张牌,并把下面的一张放到这叠牌的最底下,另一张放到这叠牌的顶上(C)。

2. 把一张面值一元的钞票正面朝上或朝下放置,或者右侧在上或者上下颠倒。有关的操作为:恒等变换(I),把钞票旋转$180°$(A),沿着它的垂直轴翻转（B），沿着它的水平轴翻转（C）。

3. 一只袜子穿在左脚或右脚上，穿的方式为正面朝外或反面朝外。涉及的操作有恒等变换（I）；脱掉袜子，把它里外翻个身，再穿回到原先的那只脚上（A）；把袜子穿到另一只脚上，但不翻身（B）；脱掉袜子，把它翻个身，穿到另一只脚上（C）。

作出每一个群的乘法表并判定它究竟同四元循环群等价，还是同四元克莱因群等价。

群的乘法表可用图解法表示，此种图形称为凯莱彩色图，以纪念数学家凯莱（Arthur Cayley）。例如图 9.2 的左下图就是四元循环群的凯莱彩色图，右上方是该群的乘法表。彩色图中的 4 个点对应于群的 4 个运算。任意两点间用一对走向相反的线段来连接，方向由箭头表示。对每个运算都要指定一种颜色，这些颜色必须同图 9.2 左上角的提示图一致。为了使大家理解凯莱图如何重现乘法表的信息，让我们来考虑从 B 到 A 的线段。为了决定这一线段的颜色，我们从乘法表左侧的 B 出发，向右一直移动过去，直到标记 A 的那一格为止，然后从 A 的那一格沿着列的方向向上走，该列的顶上为 C，从而应该把指派给 C 的颜色赋予自 B 至 A 的线段。图上所有其他线段的颜色也可用类似的方式来指派，这里不再一一细述。

当凯莱彩色图上的两点是由两种不同颜色的线段来连接时，那么由此两种颜色表示的运算是互逆的。如果两条线段同一颜色，则与此种颜色相关联的运算是它本身的逆运算。在这种情况下，凯莱图可以进一步简化，把两条相同颜色的有向线段改成那种颜色的单一无向线段。另外，恒等运算可由连接自身的环圈来表示，由于这些环圈统统都在图的角上，从而全部可以省略，简化后的凯莱图请看图 9.2 的右下方。

四元克莱因群的简化凯莱图见图 9.3 所示。一个非阿贝尔六元置换群

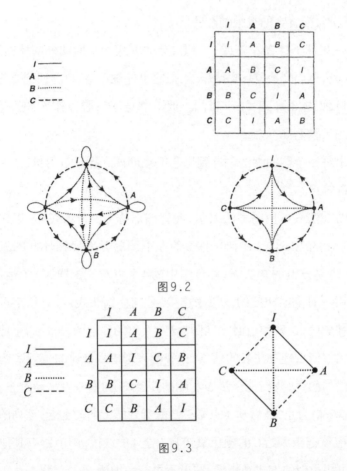

图 9.2

图 9.3

的凯莱图可参看图 9.4。对阶数很高的群,在作图解时还是不用颜色为好,可以给每个线段加上标记,使之与所表示的运算一致。

可以看出,一旦给出了群的凯莱彩色图,马上就能构造出群的乘法表,反之亦然。尽管如此,彩色图是一种很有价值的辅助工具,因为它们经常能提示一些不易从乘法表看出的性质。譬如说,不难看出,如果在六元图中,省略了对应于 A, B, C 等运算的有关线段,只剩下对应于 D, E 的线段,即可得出两个不连通的图形。两者都是三元循环的彩色图,但只有 I, D, E 的运算才真正成为一个三元循环群,因为只有这个集合才含有恒等运算 I。

I 恒等置换

A 1 2 3 ➔ 132

B 1 2 3 ➔ 321

C 1 2 3 ➔ 213

D 1 2 3 ➔ 312

E 1 2 3 ➔ 231

	I	A	B	C	D	E
I	I	A	B	C	D	E
A	A	I	D	E	B	C
B	B	E	I	D	C	A
C	C	D	E	I	A	B
D	D	C	A	B	E	I
E	E	B	C	A	I	D

I ———
A ———
B ———
C ·········
D - - - -
E ———

图9.4

一个群的任何子集,如果本身也构成群,那就叫做子群。通过视察彩色图,显示出三元循环群是六元置换群的一个子群。

迄今为止,我们所谈的群,都只包含有限数的运算或元素。但也存在无限群。它们可分为两大类:离散群,拥有可数的无穷多个元素;连续群,拥有不可数的无穷多个元素。所谓可数的无限集是:其成员可以同正整数集合 1,2,3,4,……一一对应。整数本身便是一个可数无限集的实例。与之相反,实数轴上的点是一个不可数无限集。事实上,全体整数构成了一个离散阿贝尔群,运算是加法,0是恒等元素,而 $-a$ 为任意元素 a 的逆元素。另一方面,一切实数在加法运算之下构成一个连续群。倘若把0排除出去,那么对乘法运算也可构成一个连续群(在后面这种情形,1是恒等元素,而 $\frac{1}{a}$ 是a的逆元素)。连续群也称为李群,以纪念挪威数学家李(Marius Sophus Lie)。李群的一个极浅显的几何例子是圆(也可以是球或超球)的对称旋转群,转动的角度可以任意小。

群是数学里最统一,最具威力的概念之一。除了在数学的每一个分支里崭露头角之外,它在自然科学中还有着无穷无尽的应用。哪里有对称,哪里就有群。相对论中的洛伦兹变换就构成了一个李群,它是建立在四维时空连续统中物体的连续转动之上的。有限群构成了一切晶体的基础,在化学、量子力学以及粒子物理中它也是必不可少的工具。著名的八重法,即对被称为强子的亚原子粒子家族进行分类的方法,就是一个李群。每一种几何都可视为研究在一个变换群下保持不变的图形性质的学科。

即使趣味数学也会和群不期而遇。由于任一有限群都可通过n个物体的排列来模拟,因而群和下列种种玩意儿有紧密联系就不足为奇了,它们是:洗牌,各种球类戏法,敲钟找朋友,滑块游戏以及各式各样的组合游戏,例如鲁比克魔方,等等。在我的一篇早期所写的专栏文章里(在本系列《剪纸与棋盘游戏》一书中重新刊出过),我曾演示过怎样将群论知识应用于编织理论,并由此构成大量与绳结以及纽结的手帕有关的戏法的基础。

鉴于群论的巨大魅力和实用价值,难怪数学家们要对之进行分类研究。在李群方面已经是这样做了,但仍然还有一些其他的无限群尚未作分类。对有限群,情况又是怎样的呢?人们也许认为,比起李群来,它们的分类要容易得多。但现已证明,情况决非如此。不过,这一困难任务如今也已接近解决。

一切有限群都是由一些构造块(通常称之为"单群")构建而成,这种情况多多少少类似于化合物由元素构成、蛋白质由氨基酸组成、合数由素数构成。所谓"单群",是一个除了自己与平凡子群(只含一个恒等元素的群)之外,没有"正规子群"的群。大家一定还记得,子群被定义为由群的部分元素构成的、本身也是一个群的任何子集。至于所谓"正规",可以解释如下:设有一个群 G,其子群为 S。在 G 中任选一个元素 g,将它乘遍子群中的一切元素,所得乘积的集合称为右陪集 gS。类似地,用 S 中的每一个元素都去乘 g,所得乘积的集合叫做左陪集 Sg。如果不管选哪个 g,都有 $gS=Sg$,即若左陪集等于右陪集时,则该子群就称为正规子群。

例如,三元循环群是六元置换群的正规子群,因而六元群不是单群。单群是一切群的构造块,因此要想对有限群进行分类,就必须先对一切有限单群进行分类。

几乎一切有限单群都属于一些拥有无限多成员的族类。这种类型的族类提供了一种相当令人满意的分类体系,这是因为存在着一些办法可以构建出任何个别成员,即群。例如,素数阶的循环排列群(可用边数为素数的正多边形的旋转来模拟)就是有限单群。事实上,它们是仅有的既是阿贝尔群、又是循环群。数学里有一个著名的拉格朗日定理,它宣称任何子群的阶数(即元素的个数)必须是包容它的群的阶数之因子(1 与本身除外)。这个定理意味着,阶为素数的群是没有子群的(除了恒等群与它本身之外)。但若一个群没有子群,那肯定不会有正规子群,从而任何素数阶的群一定是单群。

有限单群的另一个重要族类是交代群的集合。交代群可由 n 个物体(n 为大于 4 的一切整数)的偶置换来模拟。而所谓偶置换是指,可以通过步数为偶数的对调来完成的置换,每一步对调(或互换)两个物体。例如,三元循环群也是一个交代群,因为231可由123经两步而得出(先对调1和2,然后再对调1和3)。对3件东西所构成的3个循环置换中其他任何一对置换的情况也完全类似。在一切置换中,正好有一半是偶置换,由于 n 件东西的排列共有 $n!$ 种,因而每个交代群的阶数是 $\frac{n!}{2}$。奇置换是不能成为群的,因为任一奇置换之后再继之以一个奇置换,其结果相当于一个偶置换,从而不能满足封闭性公理。

存在其他16种有限单群的无限族类,它们全部都是非阿贝尔群,也不是循环群。单群(除去循环群)的阶数形成一个无穷序列,从60开始(60是5个物体的交代群的阶数,这个群与正十二面体或正二十面体的旋转群等价)。该无穷序列的前面几项为:60,168,360,504,660,1092,2448,2520,3420,4080,5616,6048,6072,7800,7920,…如果把1与所有的素数插入其中,其结果所得之序列将给出一切有限单群的阶数。

不幸的是,这张清单中有为数不多的群(打头阵的是阶数为7920的群)能归入任何无限族类中。它们是非阿贝尔的离经叛道者,这个玩笑可是开得不小,竟然挫败了一切分类尝试。数学家们称它们为散在单群,但它们实际上是相当复杂的。倘若这些散在单群有无限多个,没有任何模式来确定它们,那么一切有限单群的分类任务就会落空,从而使所有有限群的分类变得毫无希望。然而,有着不容置疑的理由使人们坚信,除了已经鉴定出来的26个散在单群之外,不会再有别的了(有关散在单群的经典史实,请参看图9.5,它首次出现在《美国数学月刊》1973年11月号上。据说"有人发现这首叙事曲潦草地书写在芝加哥大学埃克哈特图书馆的一张桌子上,不知作者是谁,也许他故意匿名。"叙事曲中所说的"环圈"是指简单循环群,A_n 则表示 n 个物体的交代群)。

一首简单叙事曲

(按照民歌《尖峰山上下来的贝琪姑娘》来唱)

什么是一切单群的阶？

我指的是货真价实的，

不是指环圈。

好像老家伙伯恩赛德曾经猜测过，

不光是循环群，还包括别的。

用排列造出的群那可真多；

倘若 n 大于 4，那么 A_n 就是单群。

接着，马太爵士[1]粉墨登场了，

亮出来的群，其阶数令人耳目一新。

可是仍有各路英豪继起研究，

尤其是阿尔廷和舍瓦莱最值得讴歌。

他们用有限矩阵开列了一份清单。

问题是：会不会还有别的漏网之鱼，

逃过了他们的法眼？

铃木与雷异军突起，

认为这些方法追不到底。

他们写出了一些方阵，

仅仅四乘四的阶数，

---

① 伯恩赛德，马太爵士，以及下文提到的阿尔廷等人都是著名的群论学者。——译者注

但它居然是单群。

为什么不多造一些呢?

于是来了汤普森与费特的合作成果,

使问题的解决熠熠发光。

如果群的阶数不能被2除尽,

它必然是循环群或可解群。

真相就是如此,何必怀疑。

铃木和雷令人扬眉吐气,

理论家们却不能不有所疑虑。

他们造出的群不是新货色,

只要添加一个扭曲变换,

就可以易如反掌

来个"旧变新"而使你满心欢喜。

仍然有一些不屈不挠的灵魂,

感到芒刺在背,使他们坐立不安。

马蒂厄的五个群挫败了一切论证。

不是交代群 A_n,亦非扭曲,更非舍瓦莱,

无以名之,只好称之为"零星群"。

把它们打入另册,记录在案。

马蒂厄群是天使还是魔鬼?

扬科下定决心,

不查明就于心不安。

他终于发现了人们不想知道的事,

大师们居然漏掉了 175 560。[①]

防洪闸门一朝打开,

新的单群蜂拥而来!

(一下子就涌来十二个或更多的单群,

齐声欢呼新时代的到来)

发现者的姓氏有着一大堆,

他们叫扬科、康韦、费希尔、赫尔德,

麦克劳林、铃木、希格曼与西姆斯。

无疑你会注意到它们并不押韵,

实际上这丝毫没有遗憾。

道理十分简单,那是时代信然。

浑沌与无序是单群的本色,

兴许我们还是回到原先的环圈,

才能问心无愧!

图 9.5

　　散在单群的搜索开始于 19 世纪 60 年代。当时法国数学家马蒂厄 (Émile Léonard Mathieu) 发现了前 5 个单群。它们中间的最小者 M_{11} 拥有

---

　　① 即扬科发现了 J_1 群的阶数。事实上,175 560=$2^3×3×5×7×11×19$。详见下文及附表。——译者注

151

7920个运算或操作,可通过11个物体的某些排列组合来模拟。一个世纪很快地滑过去,第6个单群才姗姗来迟。1965年,海得堡大学的扬科(Zvonimir Janko)发现了阶数为175 560的单群。3年之后,当时在剑桥大学的康韦一鸣惊人,他又发现了3个散在单群。他的研究工作是建立在利奇的"格论"的基础之上,"格"的设计师是利奇(John Leech),一位英国数学家,原是为了研究怎样在24维空间里把一些单位超球紧密装箱的问题(在利奇的格子里每只超球正好同196 560个别的超球相切)。

利奇是在研究纠错码时发现了他的格子的,随即发现某些散在单群同在恢复重建受到噪声干扰的信息中起到重要作用的纠错编码之间存在着紧密联系。马蒂厄的两个散在单群M_{23}与M_{24}与戈莱纠错码关系不浅,而后者常被用于军事目的。粗略地说,一个良好的纠错码应建立在单位超球子集的基础上,这些超球的放置理应越紧密越好。

20世纪80年代初,24个散在单群的存在性得到证实。此外还有两个单群J_4与F_1也得到许多人的肯定(这26个散在单群的完整表格见图9.6)。扬科于1975年提出的J_4群,最后终于在2月由剑桥大学的一群数学家本森(David Benson),康韦,诺顿(Simon P.Norton),帕克(Richard Parker),撒克里 (Jonathan Thackray)等人构建了出来。远为庞大的F_1(大魔群)曾在1973年由格里斯,以及德国比勒费尔德大学的费希尔(Bernd Fischer)等学者各自独立地提出猜想,而在一月份由格里斯实现构建,此事我以前曾提到过。有一些较小的单群,当初在构建它们时曾经在电子计算机上作过大量计算,后来却发现它们潜伏在"大魔群"F_1中,由F_1的存在简直可以毫无困难地推断出它们的存在。令每个人都感到吃惊与不可思议的是,格里斯构建大魔群F_1是完全用手算的!据说,F_1这个群是以196 888维空间的对称旋转变换为基础的。

群的名称	元素个数	发现者
M_{11}	$2^4 \times 3^2 \times 5 \times 11$	马蒂厄
M_{12}	$2^6 \times 3^3 \times 5 \times 11$	
M_{22}	$2^7 \times 3^2 \times 5 \times 7 \times 11$	
M_{23}	$2^7 \times 3^2 \times 5 \times 7 \times 11 \times 23$	
M_{24}	$2^{10} \times 3^3 \times 5 \times 7 \times 11 \times 23$	
J_1	$2^3 \times 3 \times 5 \times 7 \times 11 \times 19$	扬科
J_2	$2^7 \times 3^3 \times 5^2 \times 7$	霍格曼,威尔士
J_3	$2^7 \times 3^5 \times 5 \times 17 \times 19$	本森,康韦,扬科,诺顿,帕克,撒克里
J_4	$2^{21} \times 3^3 \times 5 \times 7 \times 11^3 \times 23 \times 29 \times 31 \times 37 \times 43$	希格曼,西姆斯
HS	$2^9 \times 3^2 \times 5^3 \times 7 \times 11$	麦克劳林
MC	$2^7 \times 3^6 \times 5^3 \times 7 \times 11$	
Sz	$2^{13} \times 3^7 \times 5^2 \times 7 \times 11 \times 13$	康韦
C_1	$2^{21} \times 3^9 \times 5^4 \times 7^2 \times 11 \times 13 \times 23$	
C_2	$2^{18} \times 3^6 \times 5^3 \times 7 \times 11 \times 23$	
C_3	$2^{10} \times 3^7 \times 5^3 \times 7 \times 11 \times 23$	
He	$2^{10} \times 3^3 \times 5^2 \times 7^3 \times 17$	赫尔德,希格曼,麦凯
F_{22}	$2^{17} \times 3^9 \times 5^2 \times 7 \times 11 \times 13$	费希尔
F_{23}	$2^{18} \times 3^{13} \times 5^2 \times 7 \times 11 \times 13 \times 17 \times 23$	
F_{24}	$2^{21} \times 3^{16} \times 5^2 \times 7^3 \times 11 \times 13 \times 17 \times 23 \times 29$	
Ly	$2^8 \times 3^7 \times 5^6 \times 7 \times 11 \times 31 \times 37 \times 67$	莱昂斯,西姆斯
O	$2^9 \times 3^4 \times 5 \times 7^3 \times 11 \times 19 \times 31$	奥南,西姆斯
R	$2^{14} \times 3^3 \times 5^3 \times 7 \times 13 \times 29$	康韦,鲁德维尔斯,威尔士
F_5	$2^{14} \times 3^6 \times 5^6 \times 7 \times 11 \times 19$	史密斯,费希尔,汤普森
F_3	$2^{15} \times 3^{10} \times 5^3 \times 7^2 \times 13 \times 19 \times 31$	费希尔,利昂,诺顿,哈拉达,史密斯
F_2	$2^{41} \times 3^{13} \times 5^6 \times 7^2 \times 11 \times 13 \times 17 \times 19 \times 23 \times 31 \times 47$	费希尔,利昂,西姆斯
F_1	$2^{46} \times 3^{20} \times 5^9 \times 7^6 \times 11^2 \times 13^3 \times 17 \times 19 \times 23 \times 29 \times 31 \times 41 \times 47 \times 59 \times 71$	费希尔,格里斯

图 9.6

26个散在单群的这份清单是否已经完备呢?绝大多数群论专家确信如此,但证明这一猜想的任务艰巨得近乎可怕。说这句话当然毫不夸张,最终的证明很有可能长达10000页。必须指出,群论证明有越来越长的趋势。一个由汤普森(John Thompson)与费特(Walter Feit)合作撰写的著名证明,除了证明其他种种性质之外,确立了伯恩赛德(William Burnside)的猜想(一切非阿贝尔的有限单群都是偶数阶的),这一长篇论文洋洋洒洒,超过250页,竟然独占了《太平洋数学杂志》整整一期的篇幅(第13卷,775—1029页;1963年)。

1972年,罗格斯大学的戈伦斯坦(Daniel Gorenstein)总结出了一个16步规划来完成有限单群的分类。这一个导致最终证明的工作迅即获得改进并大大"提速",这样做的功臣就是加州理工学院的阿施巴赫(Michael Aschbacher)。以上两人都是世界级的群论专家(阿施巴赫后来获得了众人垂涎的、代数方面的科尔奖)。1977年5月,戈伦斯坦对《纽约时报》的记者说,从1959年以来,他一直在分类问题上日以继夜地工作,每天5小时,每周7天,每年52周。"我想解决它,"他喃喃地说,"是为了我想解决它,而不是由于它将为人类造福。"同其他绝大多数群论专家的看法一样,戈伦斯坦相信不会再有新的散在单群发现,证明26个群这份清单的完备性指日可待。

对于并非由实际应用驱动的数学成就,当然是无法预言它的发现能否具有实用价值,我们深知群处于宇宙结构的核心。大自然似乎很喜爱较小的、不复杂的群,但这可能是个错觉,因为较小的群容易发现其实用价值,特别是我们生活在一个只有三维的空间里。谁能预测,在遥远的将来,只要人类还能继续存在,即便是大魔群也能找到一些重要的、目前无法想象的应用呢?

补　遗

一切有限单群的最终分类是在 1980 年 8 月完成的。号称"巨大定理"的证明,由遍布全世界的 100 多位数学家 30 年来所撰写的几百篇论文所支撑。完整的证明被印成几大卷,预计大约需要 5000 页! 是否能对其加以简化或压缩尚有待观察。正如大家所期待的那样,散在单群不多不少,正好 26 个。

"单群是非常美丽的东西",康韦在"巨大定理"证出之后不久写道,"我真的希望能多看到一些,但又只好很不情愿地认识到,不像会有更多的单群可以看到了。"

在四色地图定理最终由庞大的计算机打印输出确立之后,某些数学家曾认为计算机引进了一种本质不同的证明方法。由于计算机是一种容易出错的机器,这种证明好像是在支持一种看法,即认为数学是一种实验科学,像物理学一样脆弱,不堪一击。巨大定理使这种假象更加强化,它的证明篇幅远远超过四色定理,同样容易出错,甚至更加厉害。事实上,人们确实可以认为,计算机证明要比长时间用人手完成的冗长证明远为可靠得多,因为计算机证明可以用不同方法另编程序,即用别的程序加以验证。另外,计算机同加法机或算盘的差别,仅仅在于它处理符号的速度而已。利用现代电子计算机的数学家同一位用手摇计算机做大数乘除的老式数学家在本质上并无差别。

物理学家罗思曼(Tony Rothman)在《天才与传记:埃瓦里斯特·伽罗瓦演义》(《美国数学月刊》第 89 卷,1982 年 2 月号)与《埃瓦里斯特·伽罗瓦短促的一生》(《科学美国人》,1982 年 4 月号)中提出证据,认为贝尔(Eric Temple Bell)在其脍炙人口的著作《数学精英》(1937 年)[①]中,过于浪漫地夸大了许多事实。按照贝尔的说法,在决斗的前夜,伽罗瓦"狂热地、一气呵成地写下了"

---

① Men of Mathematics,1991 年商务印书馆出版了中译本《数学精英》。——译者注

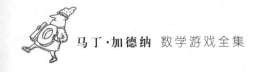
他在群论方面的许多发现。贝尔写道:"他时不时地在纸的边缘潦草地写下'我没有时间。我没有时间了。'"

虽然,年轻的伽罗瓦确实是为了一个女人死于决斗,但这段情节几乎完全是错误的。伽罗瓦其实早已写过几篇有关群论的文章,他只是对以前发表过的论文作了一些注解与改错而已。他在书页的边缘上写道:"这一证明中还有一些东西有待完成,但我没有时间了。"最后的这句话便是贝尔所谓伽罗瓦一遍遍书写"我没有时间。我没有时间了。"的唯一依据。

答　案

问题是要判定所给出的四元群的3个模型究竟是四元循环群还是四元克莱因群。答案:所有的3个模型全都是四元克莱因群。要判定四元群的性质,一个简单易行的测试方法是:只要看一看,群中的每一个运算是不是它本身的逆运算。如果是的,那么这个群一定是四元克莱因群。

第 *10* 章

出租车几何学

有个猜想何等深刻而异乎寻常:

圆究竟是不是圆的。

在厄尔多斯用库尔德①语写的论

文中,

我们找到了一个反例。

———无名氏

---

① 库尔德人是居住在土耳其、伊拉克、伊朗和叙利亚境内的民族。厄尔多斯 (Erdös) 是匈牙利大数学家。——译者注

改变欧几里得几何的一条或多条公设,将有可能构建各种怪里怪气的几何,它们都像高中里所教的平面几何一样,是自洽的,没有内在矛盾。这些非欧几何中的某些流派在现代物理与宇宙学中十分有用。但其中最重要的两派,椭圆几何与双曲几何的结构是不可能具体想象的,因而绝大多数非专业人士感到这些几何难以理解,肯定不可能探索其结构,从中找到新的定理,也对付不了有趣的非欧几何问题。

在本章中,我们将引领读者,概要了解一门特殊的非欧几何。这门几何极易理解,利用普通方格纸,任何人都能探讨其结构,享受到发现新定理的乐趣。通常,人们称之为出租车几何,这一体系可以用出租车漫游城市来模拟,城市的街道则以街区为单位形成一个个方格。奇怪的是,出租车几何在很多方面酷似普通的平面几何,然而又有着显著的差异,足以给研究者带来极大的乐趣。尤有甚者,这种研究提供了强烈的感受,表明这种几何可以同欧氏几何有极大的差异,而依然能保持为一个有很完善的逻辑自洽性的形式化体系。

据我所知,出租车几何首先是由闵可夫斯基(Hermann Minkowski)郑重其事地提出的,这位数学家出生于俄罗斯,曾在瑞士苏黎世当过少年爱因斯坦的老师。闵可夫斯基后来为狭义相对论提供了美妙的四维时空公式,而在相对论中广泛应用的时空图也以他的姓氏来命名。大约在上一世纪之交,他在德国出版了选集(1967年由凯尔西出版公司在美国重印),他在书中详细分析了各种度规体系:由完善定义的点集所构成的拓扑空间,以及可以量度任意两点之间"距离"的法则。

出租车几何便是一个量度体系,其中拓扑空间的点相当于方格纸上水平线与垂直线的交点,亦即理想化城市中街道的交汇点。如果 A、B 两点在同一条街上,那么它们之间的距离同欧氏几何一样,只要数一下它们之间相隔多少单位就行。但若 A、B 不在同一条街上,那就不能再用毕达哥拉斯定理来计算距离了,而必须改用出租车从 A 到 B 要经过多少街区的办法来计量(反之亦然)。出租车几何的结构体系可以通过定义公理的办法来构建,但我在这里不想采用这类技术细节,纯粹通过直观方法来加以说明。

在欧氏几何里,两点之间的最短距离(直线距离)定义了一根唯一的直线。但在出租车几何里,两点之间可能存在多条路径,都是最短的。下文说的"路径",是指任何一辆出租车所走过的、经过街区最少的连接某两点的路线。

如果两点不在同一条街上,连接它们的不同的路径究竟有几条呢?在这个问题上,著名的帕斯卡三角形[①]可以帮我们的忙。现在让我们来考虑一个 2×3 矩形的对角顶点,如图 10.1 所示。右图中的粗线表示怎样在帕斯卡三角形上作出矩形来解决这个问题。矩形的下角标记了答案:A、B 之间共有 10 条不同的路径。请注意帕斯卡三角形是左右对称的,因而,画出的矩形如果向另一侧倾斜,也决不会影响答案,得出的结果依然一模一样。(大家应当能够记得,在帕斯卡三角形中,每一个数等于它上面的两数之和。欲知帕

---

① 即杨辉三角形。——译者注

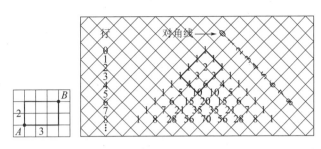

图10.1

斯卡三角形的更多知识,请看本系列的《沙漏与随机数》。)

　　熟悉组合数学的读者将能回忆起,帕斯卡三角形可以立即告诉你,从较大的r元集合中选出n元集合有多少种不同的方法,答案就是该三角形中第n条对角线与第r行交叉点处的数。在出租车问题中,10便是5样东西中选出2样的不同方法数。这里,2对应于矩形的一边,5则对应于矩形的两边之和。10也就是出租车从3×2矩形的一角行驶到对角的不同路径的总数。

　　在出租车几何学中,为了决定两点之间的路径数,不一定要画出帕斯卡三角形。我们也可以利用熟知的组合公式来计算从r件物品中选取n件的方法总数,即公式$N=r!/n!(r-n)!$例如,在我们的出租车问题中,$r!$等于1×2×3×4×5,即120,$n!$等于1×2,即2,而$(r-n)!$等于1×2×3,即6,从而根据公式,得出N=120/12=10。

　　帕斯卡三角形中,矩形可向两个方向中任意一侧倾斜的事实,无异通过图示来表明,从较大的r元集合中选取n元的方法总数,等同于从r元中选取 $r-n$元的方法数。这一事实在直观上是显而易见的,因为一旦从r元中选出一个n元的集合,便会有独一无二的$r-n$元集合剩下来。在出租车模型中意味着,如果在方格纸上描出一个欧几里得矩形,则在矩形的两个对角顶点之间的不同的出租车路径数同另外两个对角顶点之间的不同路径数完全一样。

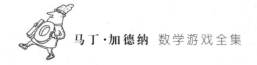
按照欧几里得的观点,出租车几何学中的"直线"(最短路径)概念遭到了严重歪曲,因而,在这一体系中,"角"的概念要么完全失去意义,要么发生了剧烈变异。尽管如此,人们依然有可能去定义欧氏几何中的"多边形"的类似物,其中包括欧氏几何中完全陌生的"二角形"。图10.2中给出了二角形的若干实例。尽管不同的二角形可以共享同一对"角点",然而任何二角形的两条"边"必然是相等的,因为它们连接着同样的两点。

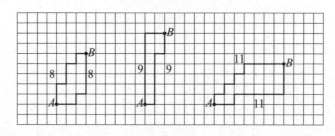

图10.2

图10.3给出了出租车几何学中的一个不等边三角形。图中A,B,C为3个顶点,边长分别为14,8,6。出租车多边形的各条边当然必须是出租车的行驶路径,因而多边形的形状可能大为差异,但长度不变。请注意图示的三角形,它推翻了熟知的欧氏几何定理:"三角形中,任意两边之和必然大于第三边"。在本例中,两边之和却等于第三边:6+8=14。

图10.3的右方是边长为9,6,9,12的一个出租车四边形。

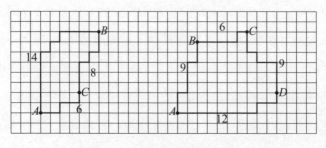

图10.3

图10.4给出了3个出租车正方形,边长都是6。其中,只有左面的那个正方形遵守欧氏几何的定理:正方形的对角线相等。正如这些图形所表明的那样,出租车正方形有无数的欧几里得形状。

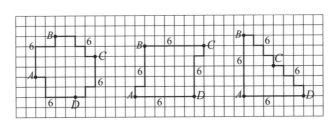

图10.4

在出租车几何中,人们很容易定义一个圆,但结果却极为出人意外。像欧氏几何一样,圆被定义为与一个定点有相同距离的所有的点的轨迹。设距离为2,结果所得之圆由8个点组成,如图10.5的左图所示——好一个化圆为方的妙法!请注意,从圆心O点只有一条半径通向A,B,C,D,而有二条半径都通到另外四点中的每一点。不难证明,半径为r的任一出租车圆包含$4r$个点,而圆周长为$8r$。如果我们仍然沿用欧几里得的定义,把圆周率π视为任意一个圆的周长与其直径之比,那么出租车几何中的π正好等于4。

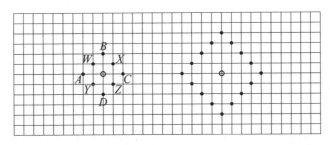

图10.5

不难看到我们的8点出租车圆所拥有的顶点可以分别组成边数为2,3,4,5,6,7,8的出租汽车多边形。譬如说,其中有二角形D、X;等边三角形

B,C,D;正方形A,B,C,D;正五边形A,W,X,Z,Y;正六边形A,W,B,X,Z,Y;正七边形A,W,X,C,Z,D,Y;组成圆的8个点位于正八边形的角隅,它们也是正八边形的顶点。

出租车几何公然违反的另一条欧氏几何定理是:两个圆的交点不能超过两点。如图10.6所示,两个出租车圆可以相交于任意有限个数的点。圆越大,它们的交点就越多。通过小小的实验就可得出另外3种圆锥曲线的极妙的出租汽车类似物。图10.7给出了四种12点的出租车椭圆。如同欧氏几何中椭圆的定义那样,出租车椭圆是一些动点的轨迹,这些点到两个定点A,B的距离之和都相等。这里称为焦点的两个点用带圈的字母来表示,在图上所给出的各个例子中,距离之和都等于6。

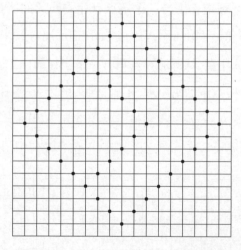

图10.6

图上的第4条曲线实际上是一个退化的椭圆,对应的欧氏椭圆,是一条线段,其定义为到两个焦点的距离之和等于两个焦点之间的距离。如果在出租车几何中这一等式成立,则当A、B位于同一条街上时,结果就得出由各点所组成的直线;如果A、B不在同一条街上,则椭圆包含了以A、B为对角

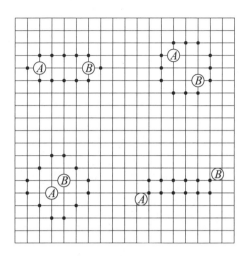

图10.7

顶点的所有欧几里得矩形的全部格点。例如,设 A、B 是格子边长为4的正方形的对角顶点。这时,A 与 B 之间的出租车距离为8,而对此正方形内的25个点来说,到 A、B 的距离之和均为8。从而根据定义,这25个点就是距离之和为8、焦点为 A 与 B 的退化椭圆。倘若距离之和大于 A、B 两点之间的出租车距离,则如同欧氏几何那样,出租车椭圆的形状在两个焦点相互靠近时显得更接近于圆。当 A 与 B 完全重合时,就会再一次像欧氏几何那样,椭圆变成了正儿八经的圆。

一条欧几里得抛物线是到一个定点(焦点)A 和一条定直线(准线)的距离相等的点的轨迹。如果把出租车几何中的准线定义为沿着一条欧几里得直线运行的点集,那么也能作出出租车抛物线,图10.8的左边就画出了两条。在该图右边我们已定好了准线与焦点,请读者们自己画一下。

出租车双曲线更加复杂。一条欧氏几何的双曲线是与两个焦点 A、B 的距离之差为常数的点的轨迹。当基本参数之比发生变化时,出租车双曲线的形状也随之变化。在图10.9的左边,故意把焦点 A、B 安排在出现极限情

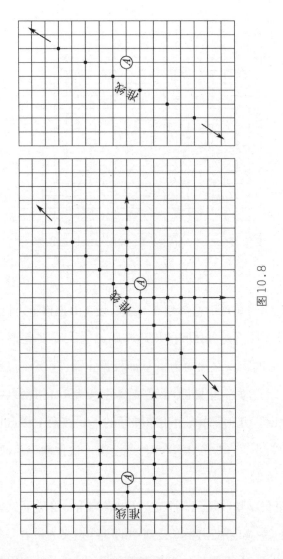

图10.8

况的位置处,即只有一支的退化双曲线。此时的距离差恒为0。图中右方的
双曲线则有两条无限长的分支,其距离差恒等于4。

图10.10中又冒出了出租车几何的另一个令人惊讶的现象。在这一双
曲线中,距离差常数是2。这时,双曲线的两支是两个无限点集,其中之一在
平面的左上方,呈扇形,另一支则在右下方的扇形区域,每一支都带有一条

166

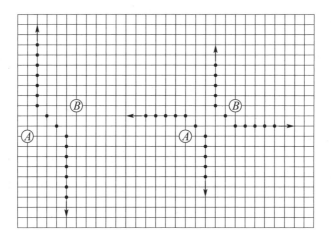

图10.9

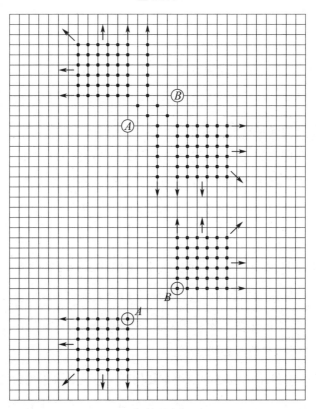

图10.10

167

无限长的"尾巴"。图10.10的下方则画了距离差常数为8的双曲线,结果也类似,但无限点集位于双曲线所在平面的右上方与左下方的扇形区域,而且没有了尾巴。

上述各例显示,距离差常数不允许为奇数,因为此时所得出的双曲线图形中将包含交叉点之外的点,然而这在出租车几何的拓扑空间中是不允许的。下面是一个练习:把焦点放在3×6矩形的对角顶点处,距离差常数等于1,请你画出双曲线。结果是两条"平行"的分支,每一条都很像距离差等于0的退化双曲线。另一个不太容易的问题是:如何定出确切条件以产生5种一般类型的出租车双曲线。

据我所知,只有一本讲出租车几何的书。它名叫《出租车几何学》,是一本平装书,作者克劳斯(Eugene F. Krause)是美国密歇根大学的一位数学家(这一著作连同近20年来英国数学杂志上刊登的有关本专题的若干重要论文见本章的参考文献)。克劳斯的书被特别推荐给那些学生,他们希望学习怎样把出租车几何学推广到整个笛卡儿坐标平面——在该平面中,任一点都可用一对有序实数来表示。当然,以平行于坐标轴的直线段度量最短距离的法则理应保持有效,因而在这种连续型的出租车几何里,不在同一条街上的任意两点之间将有无限多条不同的行驶路径,而它们都有同样的最短路线。

克劳斯证明,除了一个公设以外,连续型的出租车几何学可以满足欧氏几何的一切定理、公设。但它与椭圆、双曲线几何不一样,并没有推翻平行公设,而只是颠覆了边—角—边公设,后者断言,当且仅当两边及其夹角对应相等时,两个三角形必然全等。

我在上文介绍了离散型的出租车几何学(它被局限于整数格点)。介于这种几何与连续型出租车几何之间的几何,所涉及的点是由有序的有理数对来定义的。不过，即使对整数格点来说，出租车几何也已为趣味数学家们提供了一片沃土，足够让他们去进行研究，同时也让高中生们驰骋其间，一显身手，思考并解决一些富有挑战性的问题。这里，我仅仅是介绍了一些皮毛，留下许多重要问题悬而未决。譬如说，在出租车几何学中，平行线应该如何定义？什么东西是垂直平分线的最佳类似物？是否有好办法来定义面积？

尤为甚者，出租车几何学可以容易地推广到三维或更高维的整数格点。不过，对其他种类的格点，例如有限或无限的三角形或六边形格点上的出租车几何，仍然是一片未开垦的土地。另外，格点也未必需要局限在平面上，它们也可以定义在柱面、球面、环面、默比乌斯带、克莱因瓶乃至你所喜欢的任何其他东西之上！只要始终遵守一条原则：你的驾驶员坚持在街上开车，永远走最短路径，把你送到要去的地方。

补　遗

纽约的一位计算机顾问阿博特(Kenneth W. Abbott)曾经送来一份离散型出租车几何学的有趣推广。同通常的出租车几何一样，非欧空间的点是正方形网格的交叉点。在这种阿博特式的推广中，任意两点之间的"距离"被定义为等于 $\sqrt[n]{x^n+y^n}$ 的一个整数，式中的 x 为水平测度，y 为垂直测度，n 是任意正整数。

当 $n=1$ 时，它即是本章介绍过的简单出租车几何学。所有的"圆"是与圆心等距离的点集，见图10.12的左图，其半径分别为1，2，3，4，5。

当 $n=2$ 时，同样半径的各个圆的图形见图10.12中间的图。注意，前4个圆只不过是4个点，分别位于穿过5个圆共同中心的两根轴线上，我们把这种圆称为"平凡解"。在 $n=1$ 时，只有半径为1的圆是平凡的，所有其他半径的圆都不是。$n=2$ 时，只有第5个圆不是平凡的。对这种几何来说，两种性质的圆

（平凡或不平凡）都有无限多个。对一切平凡的圆而言，π值等于 $2\sqrt{2}$ ，然而对不平凡的圆来说，π值有所差异。例如对半径为5的第5个圆，它的π值等于

$$\frac{1}{5}\left(4\sqrt{10}\right)+2\sqrt{2}$$

当 $n=3$ 时，前5个圆（见图10.11的右图）都是平凡的。在这种几何里，所有

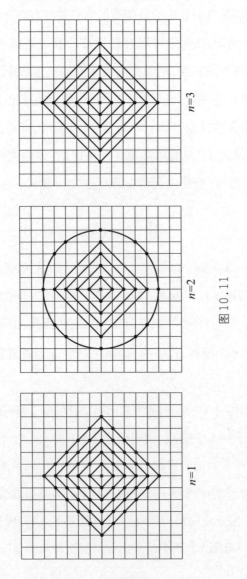

图 10.11

平凡圆的 π 值统统都是 $2^{\frac{n+1}{n}}$。

我们现在来说一个值得注意的奇怪定理。任何一种广义出租车几何学里,当 $n>2$ 时,所有的圆都是平凡的。正如阿博特所指出的,容易看出,这一论断实际上等价于费马大定理。

答　案

指定焦点 A 与准线,求作一条出租车抛物线的问题,答案如图 10.12 所示。

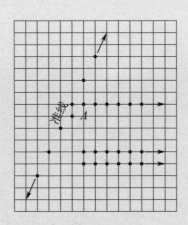

图 10.12

第 *11* 章

鸽巢的力量

倘若 m 只雄鸽子与 n 只
雌鸽子交尾过,而
$m > n$,那么至少有两只
雄鸽子与同一只雌鸽子
交尾过。

——无名氏

你能否证明,在美国有许多人头发的根数完全相等?这个问题与以下问题有何共同点?在一个抽屉内放了60只袜子,除了颜色不同之外其他完全一模一样。它们是:10双红袜子,10双蓝袜子,10双绿袜子。所有的袜子都被打乱放在抽屉里,而且房间里一团漆黑。试问,你应该至少从抽屉内拿出几只袜子,才能确保有一双袜子可以配对?

再来看两个不那么简单的例子。你能否证明一个普通分数 $\frac{a}{b}$ 在化成十进小数时,结果要么是有限小数,要么是一个循环节长度不大于 b 的循环小数?有5个点任意位于一个边长为1的等边三角形内,你能否证明,至少有2个点之间的距离不大于0.5?(提示:将正三角形等分成4个边长为0.5的较小的正三角形。)

以上问题以及其他数以千计的严肃数学与趣味数学问题有一个共同点,即它们都可以被解题者援用一个古老而有力的原理来解决,它就是鸽巢原理,不过有些数学家宁愿称之为狄利克雷抽屉原理,以纪念19世纪德国数学家狄利克雷(Peter Gustav Lejeune Dirichlet)。鸽巢原理是本章的主题,但作者并不是我而是洪斯贝格(Ross Honsberger),滑铁卢大学的一位数学家。他是《数学机敏》《数学瑰宝》《数学瑰宝 II》《数学瑰宝 III》的作者,曾编辑过《数学鳞爪》《数学鳞爪续集》《数学珍品》，最近还写了一本《19~20世纪欧几里得几何大事纪与插曲》。所有8本书都写得很好，收集了许多不平凡的问题，有很强的可读性与趣味性。除了最后一段结尾是我所写的注释以外，以下所有内容都由洪斯贝格执笔，他把自己关于鸽巢原理的讨论说成是："如此简单的东西，会有用吗？"

考虑下列命题："如果两个整数之和大于100，那么它们中间至少有一个数大于50。"这个问题远非不证自明，因为在此简单断言背后的"溢出原理"并非肤浅得不值一提。鸽巢原理的最简单的说法是：如果$n+1$（或更多）个物体装在n只盒子里，那么必有一只盒子至少装着两个物体。更一般地，鸽巢原理可以表述为：若有$kn+1$（或更多）个物体装在n只盒子里，那么必有某只盒子至少装着$k+1$个物体。

即使在其最一般的形式下，鸽巢原理所说的道理也不过是明摆着的常识：即对一个数据集合而言，不可能使每一个数的值都在平均数之下，或者每个数的值都在平均数之上。尽管如此，鸽巢原理仍不失为一个极其重要的数学概念，而且用途广泛，适应性极强。下面我们将选出它在初等数学领域中七个最美妙的应用来讲解。让我们从一个极简单的几何问题开始。

1. 多面体的面。数一数多面体各个面的边数。你会发现，有两个面是由同等数目的边围出来的。为了证明这是一种必然的情况，只要去想想多面体的各个面与编号为3，4，5，…，n的一系列盒子的对应情况就够了。我们的想法是：有着r条边的面归入编号为r的盒子。由于边是面的边界，由此可见，有最多边数n的面本身就应该同n个面相邻，这意味着多面体至少应该有$n+1$个面。根据鸽巢原理，某只盒子至少有2个面与之对应，从而完全证明了这个命题。事实上，证明多面体中至少存在着同样边数的2个面是一个极简单的习题。

2. 小于100的10个正整数。下面讲一个足以难倒你朋友的鸽巢原理的应用题。在小于100的10个正整数的集合 S 中,不论你如何选择,在 S 中总会有两种完全不同的选法,使它们具有相同的和数。譬如说,在数集3,9,14,21,26,35,42,59,63,76中存在两种不同选择14,63与35,42,它们的和都等于77;类似地,另一种选择3,9,14,这3个数之和为26,而26本身是数集的一个成员。

为什么这种情况总是会出现呢?首先我们不难看出,没有一个 S 的10元素子集,其和能大于1到100数集中的10个最大数(90,91,92,93,…,99)。这些数之和等于945。因此 S 的子集可以根据其总和来分类,将它们分别放入编号为1,2,…,945的盒子。由于 S 的每个成员要么属于一个特定的子集,要么不属于它,所以,要分类的子集总数(不包括"空集",它是一个成员都没有的集合)为 $2^{10}-1$,即1023。于是,根据鸽巢原理可知,必有某个盒子(至少)拥有两个不同的子集 A 与 B。弃去 A,B 中同时含有的数之后,剩下的两个不含公共元素的子集 A' 与 B' 有着相等的和数。实际上,由于子集总数比盒子数多了78个,每个 S 集将会产生数10个和数相等的不同子集,这是一点都不奇怪的。

3. 药丸。下面这个鸽巢原理的应用,我们应当归功于雷布曼(Kenneth R.Rebman),美国加利福尼亚州州立大学海华德分校的一位数学家。为了试验一种新药的疗效,一位内科医生要求一位接受测试的病人在30天内吃完48粒药丸。在此期间这位病人可以随心所欲地服药,不过每天至少要吃一粒药,并在30天内把48粒药丸统统吃光。有趣的是,不管这位病人对服药作出何种安排,总是会有一段持续时间,即在连续几天内服用的药丸数正好等于11。事实上,对1—30之间的任一 k 值,除了16,17,18之外,总是可以找出一段持续时间,使这位病人正好在这几天内吃完 k 粒药丸。

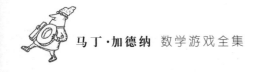
为了证明某个特定的 k 值是例外,只要找出药丸的一种分布,使得不存在一段持续时间来吃完 k 粒药丸。不难看出,以下的这种服药分布即可一举排除 $k=16$,$k=17$ 与 $k=18$ 这3种情况。其服药方法是:每天吃1粒药,连续吃15天,第16天一口气吃光19粒,从第17天到疗程结束,又是每天吃1粒,即:

$$\underbrace{1111\cdots1}_{15}\quad 19\quad \underbrace{111\cdots1}_{14}$$

现在来考虑 $k=11$ 的情形。设 p_i 表示到第 i 天末吃过的药丸总数,则 p_{30} 必然等于48,而正整数 $p_1,p_2,\cdots,p_{30}$ 必将构成一个严格的单调递增序列(所谓严格单调递增序列,就是序列中的每一项都大于其前项):$0 < p_1 < p_2 < \cdots < p_{30} = 48$。现在把此序列中的每个数都加上11,从而得到一个新的严格单调递增序列:$11 < p_1 + 11 < p_2 + 11 < \cdots < p_{30} + 11 = 59$。

在第一个序列中有30个数 p_i,第二个序列中有30个数 $p_i + 11$,所有这60个正整数都小于或等于59。因此根据鸽巢原理,它们中间至少有两个数必然相等。很明显,作为大家都加11的结果,没有两个 p_i 会是一样的,当然也不可能有两个 $p_i + 11$ 会一样。因而只能是某个 p_i 与某个 $p_i + 11$ 相等,即对 i 与 j 的某个值而言,定然有 $p_i = p_j + 11$,即 $p_i - p_j = 11$,而这就意味着在持续的一段时间内,从第 $j+1$,$j+2$,$\cdots$ 一直到第 i 日总共服了11粒药丸。

以上论证不仅适用于11,而且也同样适用其他 k 值,从而确立了从1到11整个一片 k 值的特性。至于处理其他的 k 值要稍稍复杂些,不过鸽巢原理从头至尾都是决定性的工具。下一步再来考虑 $k = 31$ 到 $k = 47$ 的情况。尽管对这些 k 值来说,很多情况都有解,然而下面的这类分布表明,没有一个值能保证一定有解。当 n 在1到17之间,值 $k = 30 + n$ 被下面的序列排除在外了:

$$(19-n)\underbrace{111\cdots1}_{n+11}(n+1)\underbrace{111\cdots1}_{17-n}$$

譬如说,在 $n=7$ 时,以下的这种分布就排斥了 $k=37$。

$$12\underbrace{11\cdots1}_{18}8\underbrace{11\cdots1}_{10}$$

4. 101个数字。设要从数字 $1,2,\cdots,200$ 中选出 101 个数 $a_1,a_2,\cdots,a_{101}$ 的数集。令人惊讶的是,其中必有两个数,其中的一个数可以整除另一个数。要想不选这样的两个数是不可能的。利用整数的一种简洁表达法,试证明上述断言是成立的。

给出一个正整数 n,我们把它所含有的2的因子尽量提取出来,使之化简为 $n=2^r q$ 的形式,此处 q 是一个奇数(可能小到等于1)。如果每个被选出来的数 a_i 都表达为此种形式,则可得到 q 的 101 个值的集合,而每个值都是100个奇数的集合 $1,3,5,\cdots,199$ 中的一个成员。根据鸽巢原理,可以肯定在这些 q 值中必定有两个值是一样的。也就是说,对某两个整数 i、j 而言,a_i 等于 $2^{r_i}q$,而 a_j 等于 $2^{r_j}q$。因此,在这两个数中,那个包含2的较小幂的数肯定能够整除另一个数。

类似地,应用鸽巢原理不难证明,从 $1,2,\cdots,200$ 中选出的 102 个数的集合 S 中,一定会有两个相异的数,它们相加后其和等于 S 中的另一个数(在这里,没有必要再去利用 $2^r q$ 的形式了)。下面我将举出两个精彩的例子来说明鸽巢原理在几何问题中的应用。

5. 一个圆中的650个点。有一个半径为16的圆 C 以及一个外径为3,内径为2的圆环 A。不管你把650个点随便撒布在圆 C 内任何地方,总是可以把圆环 A 放在上面,使它至少覆盖10个点。此事难道不奇怪吗?为了证明上述断言,可以把650个复制的圆环 A 放到圆 C 内,使得每个点都是一个圆环的中心,见图11.1所示。当某些点很靠近圆 C 的圆周时,所对应的圆环可能

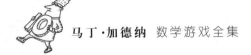
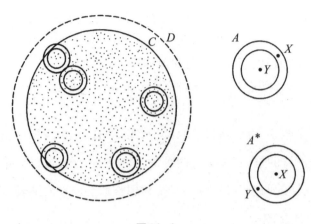

图11.1

越出圆外。然而,圆心相同,而半径为19(相当于 C 的半径加上圆环 A 的外径)的圆势必会全部包容650个圆环。现在让我们把这个较大的同心圆命名为圆 D。请注意,D 的面积是 $\pi 19^2$,即 361π,由于圆环 A 的面积等于 $\pi 3^2 - \pi 2^2$,即 5π,因而650个圆环 A 的总面积为 3250π。

正是在这个节骨眼上可以用得上鸽巢原理的"连续"形式。每一个圆环 A 放置在图上时都会覆盖 D 的一部分。假定所有650个圆环全部放上之后,D 的剩余部分至多只能容纳9个圆环 A。在这样的情况下,所有圆环 A 的总面积不可能超过 D 的9倍。然而,实际情况并非如此,因为 $9(361\pi)$ 只等于 3249π,而所有圆环的总面积却有 3250π。从而,根据鸽巢原理可知,D 中的某个点 X 至少会被10个圆环 A 所覆盖。

现在假定 Y 是点集 S 中的一个点,而且是上述10个圆环 A 中某个圆环的中心,则 X 到 Y 的距离一定大于 A 的内径而小于其外径。于是,由图11.1中的右侧附图可见,中心在 X 的另一个圆环 A 将把 Y 点包容在内。让我们把这一圆环 A 命名为 A^*,由于至少存在另外9个类似 Y 的中心,从而可知 A^* 必将至少覆盖点集 S 中的10个点。这就证明了上述断言的成立。(本题的提出者是渥太华大学的利尼斯(Viktors Linis),见《数学十字架》第5卷,271页;1979年11月。)

6. 行进中的乐队。下一个例子涉及一个行进中的乐队,其成员排列成一个有 m 行 n 列的矩形阵列。乐队指挥从左边看过去,发现有几个矮个子藏身在队列的中间,样子很难看。为了纠正这种美学缺陷,他下令每一行都要重排,自左至右,每一个人的身高都要高于或至少等于站在其左边的那个人(从乐队指挥的角度来看)。执行过这道命令以后,乐队指挥跑到前头去看,糟糕的是,他再次发现有些矮个子排在队伍的中间。于是他再次发出命令,要求按列重新排队,从前到后,按身高不减的原则重排。当命令再一次执行过之后,他踌躇着重新回到左边去观察,要仔细看看列的重排究竟会不会影响到已经排好的行,从而造成混乱。出乎他的意料,他竟然发现,每一行都是排得好好的,一点都不受影响。各列的调整并没有打乱行的自左至右身高不减的排序。

这一令人惊讶的现象可用反证法来证明,即先假定它不成立,然后引出矛盾。换句话说,我们不妨假定,在各列人员重新排队之后,存在着某一行,其中一名身材较高的乐手 a 反而排在较矮者 b 的前方(即左边)去了。设 a 位于第 i 列,而 b 处于第 j 列,见图11.2所示。由于各列刚刚进行过调

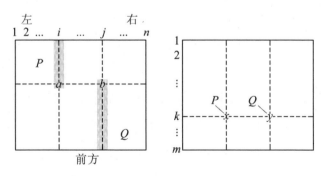

图11.2

181

整,因而第i列中排在a后面的P段中的每个人至少同a一样高。而在j列中,排在b前面的Q段中的每个人没有一个人的身高超过b。另外,又因a比b高,由此可知,P中每个成员都比Q中每个成员要高。

现在考虑中间时刻,其时各行均已作了重排,但各列尚未调整。要回复到那时的状态,需要把P段的音乐家们在第i列中进行调动,以恢复他们原来的站队位置,同样,Q段的音乐家们也需在第j列中进行调动。换言之,P、Q的成员们应该分布在第$1,2,\cdots,m$行中,如果打个比方的话,m行就像是m只盒子。然而,P段与Q段的总长度却是$m+1$,也就是说,两段中共有$m+1$位乐手。于是,根据鸽巢原理必然有两位乐手在同一行中。他们显然不可能都来自P段或来自Q段,所以只能是:在某一行中有一个来自P段的x排在左侧,一个来自Q段的y排在右侧,见图11.2的右图。由于x的身材要高于y的身材,这种安排显然与各行已经按自左至右身高不减的次序排好的原则发生了抵触,这一矛盾从反面证明了我们所要求的结论。

7. 排列中的子数列。这个最后的例子为我们提供了排列的一个可爱性质。将序列$1,2,\cdots,n^2+1$中的各数打乱后排成一行。可能的排列自然很多,然而,不论它们如何排法,如果从左到右地看过去,它一定会:要么含有一个长度至少等于$n+1$的递增子数列,要么含有一个长度至少为$n+1$的递减子数列。例如,当n等于3时,排列6,5,9,3,7,1,2,8,4,10中含有递减子数列6,5,3,1(正如本例所表明的那样,子数列不一定要由原排列中连续的成员组成)。

任何排列都会含有上述子数列的论断不难用下列办法证明。对行中的每一数i,用x表示从i开始的最长递增子数列的长度,以y表示从i开始的最长递减子数列的长度。

通过这种办法,排成一行的数总共可以有n^2+1对(x,y)坐标,如果其中

任何一个 x 或 y 是 $n+1$，那么断言就是对的。反之，如果每一个 x 或 y 都小于或等于 n，那就只有 n^2 对不同的 (x, y) 坐标。于是，根据鸽巢原理，某一对坐标 (x, y) 必定是行中至少两个数 i 和 j 的坐标。但由于 i，j 不相等，设 $i < j$，则 i 的 x 坐标大于 j 的 x 坐标；如果 $i > j$，则 i 的 y 坐标大于 j 的 y 坐标。无论哪一种情形都将引出矛盾，从而证明了上述的断言。

让我们来做一做以下的 3 个练习以结束本文，想必读者是欢迎的。

1. 所谓格点是坐标平面上横坐标与纵坐标都是整数的点。试证：在平面上任选 5 个格点，在联结所选两点的线段中，至少有一条线段会通过平面上的某一格点。

2. 平面上有 6 个圆（包括它们的圆周），其中任何一个圆中都不含其他圆的圆心。请证明这些圆没有公共点。

3. 请证明在任意一行 $mn + 1$ 个不同实数的排列中必定存在下列两种情况之一：要么有一个长度至少为 $m + 1$ 的递增子数列，要么有一个长度至少为 $n + 1$ 的递减子数列。

洪斯贝格所描述的行进中乐队的似乎违反直觉的结果，可以通过扑克牌来模拟，很有戏剧性。洗好牌以后，将它们排成一个 4 行 6 列的矩形阵列，牌面向上，见图 11.3 的上图。然后将每一行中的牌重新排列，使 6 张牌中，任一张牌均不得小于其左侧的牌，见图 11.3 的中图（例如 6, 7, 10, 10, J, K 就是第四行调整后的排列顺序）。现在，再对每一列进行重排，要求每张牌均不得小于其上方的牌，见图 11.3 的下图。扑克牌列的重排当然会影响到行中的牌，这是毫无疑问的。然而，令人意想不到的是，各列中的牌排好之后，每一行中的牌依旧是按大小次序排得好好的，纹丝不乱！

魔术杂志《特技戏法》1972 年 4 月号的 513 页上曾刊登过一则戏法，其原理就是上文所述的奇妙现象。充分洗牌后把 5 手扑克牌发给玩家。玩家在

Q ♥ 5 ♥ K ♦ 9 ♣ 4 ♥ 7 ♣

3 ♣ 5 ♦ A ♦ 4 ♦ 6 ♦ A ♠

5 ♠ 3 ♠ 3 ♦ 2 ♠ 9 ♠ 8 ♣

10 ♦ 10 ♣ 7 ♦ J ♠ 6 ♥ K ♠

4 ♥ 5 ♥ 7 ♣ 9 ♣ Q ♥ K ♦

A ♦ A ♠ 3 ♣ 4 ♦ 5 ♦ 6 ♠

2 ♣ 3 ♠ 3 ♦ 5 ♦ 8 ♣ 9 ♠

6 ♥ 7 ♦ 10 ♦ 10 ♣ J ♠ K ♠

A ♦ A ♠ 3 ♣ 4 ♦ 5 ♦ 6 ♠

2 ♣ 3 ♠ 3 ♦ 5 ♦ 8 ♣ 9 ♠

4 ♥ 5 ♥ 7 ♣ 9 ♣ J ♠ K ♦

6 ♥ 7 ♦ 10 ♦ 10 ♣ Q ♥ K ♠

图11.3

拿到牌以后将它们重新排序,其原则是:从后至前,点数从小到大。然后按照你所喜欢的任何方式把5手牌统统收起来,再按传统做法,把各张牌的牌面向下,重新发牌。此时各位玩家所拿到的牌当然同前次完全不同,而且次序也被打乱了。此时你就可以露一手,向大家宣称,你有本事教会各张牌来自动排序。请大家拿起牌来,重新排序之后,把牌面朝下放好。然后,你把桌上的牌收拢起来,将第5手牌(发牌者自己拿到的牌)放在第4手上面,再把这两手牌放在第3手上面,以此类推。然后,再一次牌面朝下,把牌发到大家手里。说也奇怪,没有生命的扑克牌好像已经上了一课:尽管大家拿到手的牌又不一样,然而它们却已经乖乖地排好了顺序。

这一结果是杨氏表格理论的一部分,此类数列的命名是为了纪念英国牧师、可尊敬的杨(Alfred Young)。他曾在1900年发表的一篇论文中提出了

184

这种数字阵列并加以分析。后来证明,这种数列在量子力学中有着重要应用。

在20世纪60年代初,行进中的乐队问题以各种乔装打扮的形式出现在好几种数学杂志上。盖尔(David Gale)与卡普(Richard M. Karp)写了本题为"不至于引起混乱的定理"的专题著作,在1971年由加利福尼亚大学伯克利分校工程学校运筹学中心出版。

克努特在他的经典著作《计算机程序设计艺术》的第三卷中也曾联系"分类筛选排序法",对该定理进行了深入探讨。

补　遗

鸽巢原理可以迅速解决几何问题,其中最简单的例子之一(洪斯贝格没有提到它,这不足为奇,因为它早已为人所熟知了)是要证明:如有五个点落在边长为1的正方形的内部或边上,则至少有两个点的距离不大于 $\sqrt{2}$ 的一半。

将此单位正方形分成四个小正方形,它们的每边长度都等于 $\frac{1}{2}$ 。根据鸽巢原理可知,四个正方形中的一个必将含有五个点中的两个点,由于小正方形的对角线的长度是 $\sqrt{2}$ 的一半,所以这两个点的距离必定小于或等于 $\frac{\sqrt{2}}{2}$ 。

答　案

1. 为了证明连结5个格点的线段中必有一条线段通过坐标平面上的某个格点,我们注意到,格点的坐标可按奇偶性分成四类,它们是:奇,奇;奇,偶;偶,奇;偶,偶。根据鸽巢原理,在五个格点中必有两个属于同一类，设这两个点是 (x_1,y_1)，(x_2,y_2)。由此可见 x_1+x_2，y_1+y_2 肯定都是偶数，因此把这两点连起来的线段的中点 $\left(\dfrac{x_1+x_2}{2},\dfrac{y_1+y_2}{2}\right)$ 必然是一个格点。

2. 配置在平面上的 6 个圆，如果没有一个圆含有另一圆的圆心，则此 6 个圆必然没有公共点。要证明这一事实，我们可以用归谬法。设其对立面为真，即存在一个 O 点为 6 个圆的公共点。把 O 点与 6 个圆心分别联结起来。任意两个圆心与 O 都不可能在同一直线上，这是由于任一个圆都不包含别的圆的圆心，而所有的 6 个圆又都包含 O 之故。由此可见，所有的 6 条直线都是从 O 点辐射出来的。设 OA、OB 是扇形的两条连续的线段。由于 O 点属于每一个圆，所以线段 OA 与 OB 都不能大于所在圆的半径。但由于没有一个圆包含其他圆的圆心，因而 AB 必须大于所有这些圆中随便哪个圆的半径。这就意味着 AB 应该大于三角形 AOB 中其他两边之长，从而 AB 边所对之圆心角 AOB 应该是三角形 AOB 中最大的角，换言之，角 AOB 必须大于 60°。如果情况确是这样的话，那么在 O 点周围的 360° 角肯定就放不下像 AOB 这样的 6 个角了，从而引出矛盾。

3. 在 $mn+1$ 个不同实数的排列中，要么存在一个长度为 $m+1$ 的递增子数列，要么存在一个长度为 $n+1$ 的递减子数列。为了证明这个事实，我们可以像例 7 那样来规定坐标 (x,y)。不难看出，当 x 大于 m 或 y 大于 n 时，结论成立。但当 x 小于或等于 m，y 小于或等于 n 时，只有 mn 个不同的坐标 (x,y)。于是，根据鸽巢原理，在规定

186

给 $mn+1$ 个数的坐标中必然有两个坐标是相同的,从而引出矛盾,断言得证。

进阶读物

第 1 章

AN EPISODE OF FLATLAND. C.H. Hinton. Swan Sonnenschein & Co.,1907.

FLATLAND: A ROMANCE OF MANY DIMENSIONS, BY A. SQUARE. E.A. Abbott. Dover Publications, Inc., 1952, 一些其他的版本现正在出版印刷中。

SPHERELAND: A FANTASY ABOUT CURVED SPACES AND AN EXPANDING UNIVERSE. Thomas Y. Crowell, 1965.

THE PLANIVERSE. A.K. Dewdney. Poseidon, 1984.

ALLEGORY THROUGH THE COMPUTER CLASS: SUFISM IN DEWDNEY'S PLANIVERSE. P. J. Stewart in *Sufi*, Issue 9, pages 26-30; Spring 1991.

200 PERCENT OF NOTHING: AN EYE OPENING TOUR THROUGH THE TWISTS AND TURNS OF MATH ABUSE AND INNUMERACY. A. K. Dewdney. Wiley, 1994.

INTRODUCTORY COMPUTER SCIENCE: BITS OF THEORY, BYTES OF PRACTICE. A. K. Dewdney. Freeman, 1996.

第2章

On Well-quasi-ordering Finite Trees. C. Si. J A. Nash-Williams in *Proceedings of the Cambridge Philosophical Society*, Vol.59, Part 4, pages 833—835; October 1963.

Number Theory: The Theory of Partitions. George E. Andrews. Addison-Wesley Publishing Co., 1976.

Trees and Ball Games. Raymond M. Smullyan in *Annals of the New York Academy of Sciences*, Vol.321, pages 86—90; 1979.

Proving Termination with Multiset Orderings. Nachum Dershowitz and Zohar Manna in *Communications of the ACM*, Vol.22, No.8, pages 465—476; August 1979.

Accessible Independence Results for Peano Arithmetic. Laurie Kirby and Jeff Paris in *The Bulletin of the London Mathematical Society*, Vol.14, No.49, Part 4, pages 285—293; July 1983.

Cycles of Partitions. Jørgen Brandt in *Proceedings of the American Mathematical Society*, Vol.85, pages 483—486; July 1982.

Bulgarian Solitaire. Ethan Akin and Morton Davis in the *American Mathematical Monthly*, Vol.92, pages 237—250; April 1985.

Solution of the Bulgarian Solitaire Conjecture. Kiyoshi Igusa in *Mathematics Magazine*, Vol.58, pages 259—271; November 1985.

Hercules Hammers Hydra Herd. Maxwell Carver in *Discover*, pages 94—95, 104; November 1987.

Some Variants of Ferrier Diagrams. James Propp in the *Journal of Combi-*

natorial Theory, Series A, Vol.52, pages 98—128; September 1989.

THE TENNIS BALL PARADOX. R.W. Hamming in Mathematics Magazine, Vol.62, pages 268—273; October 1989.

BULGARIAN SOLITAIRE. Thomas Bending in Eureka, No.50, pages 12—19; April 1990.

TABLEAUX DE YOUNG ET SOLITAIRE BULGARE. Gwihen Etienne in The Journal of Combinatorial Theory, Series A, Vol.58, pages 181—197; November 1991.

BULGARIAN SOLITAIRE. Al Nicholson in Mathematics Teacher, Vol.86, pages 84—86; January 1993.

第3章

A BOOK OF CURVES. Edward H. Lockwood. Cambridge University Press, 1961.

MAXWELL'S OVALS AND THE REFRACTION OF LIGHT. Milton H. Sussman in American Journal of Physics, Vol.34, No.5, pages 416—418; May 1966.

EGGS. Martin Gardner in The Encyclopedia of Impromptu Magic, Chicago: Magic, 1978.

THE DRAWING-OUT OF AN EGG. Robert Dixon in New Scientist, pages 290—295; July 29, 1982.

EGGS: NATURE'S PERFECT PACKAGE. Robert Burton. Facts on File, 1987.

第5章

INTRODUCTION TO KNOT THEORY. R.H. Crowell and R. H. Fox. Blaisdell, 1963;

Springer-Verlag, 1977.

KNOTS AND LINKS. Dale Rolfsen. Publish of Perish, 1976, Second edition, 1990.

ON KNOTS. Louis Kauffman. Princeton University Press, 1987.

NEW DEVELOPMENTS IN THE THEORY OF KNOTS. Toshitake Kohno. World Scientific, 1990.

THE GEOMETRY AND PHYSICS OF KNOTS. Michael Atiyah. Cambridge University Press, 1990.

KNOTS AND PHYSICS. Louis Kauffman. World Scientific, 1991.

KNOT THEORY. Charles Livingston. Mathematical Association of America, 1993.

THE KNOT BOOK. Colin C. Adams Freeman, 1994.

THE HISTORY AND SCIENCE OF KNOTS. J.C. Turner and P. van de Griend. World Scientific, 1996.

自1980年起,关于纽结理论的论文发表了成百上千份,我仅选择了1990年后发表的一小部分。

UNTANGLING DNA. De Witt Summers in *The Mathematical Intelligencer*, Vol.12, pages 71—80; 1990.

KNOT THEORY AND STATISTICAL MECHANICS. Vaughan F. R. Jones, in *Scientific American*, pages 98—103; November 1990.

RECENT DEVELOPMENTS IN BRAID AND LINK THEORY. Joan S. Birman in *The Mathematical Intelligencer*, Vol.13, pages 57—60; 1991.

KNOTTY PROBLEMS—AND REAL - WORLD SOLUTIONS. Barry Cipra in *Science*, Vol.255, pages 403—404; January 24,1992.

KNOTTY VIEWS. Ivars Peterson in *Science News*, Vol.141, pages 186—187;

March 21, 1992.

KNOTS, LINKS AND VIDEOTAPE. Ian Stewart in *Scientific American*, pages 152—154; January 1994.

BRAIDS AND KNOTS. Alexey Sosinsky in *Quantum*, pages 11—15; January/February 1995.

HOW HARD IS IT TO UNTIE A KNOT? William Menasco and Lee Rudolph in *American Scientist*, Vol.83, pages 38—50; January/February 1995.

THE COLOR INVARIANT FOR KNOTS AND LINKS. Peter Andersson in *American Mathematical Monthly*, Vol.102, pages 442—448; May 1995.

GEOMETRY AND PHYSICS. Michael Atiyah in *The Mathematical Gazette*, pages 78—82; March 1996.

KNOTS LANDING. Robert Matthews in *New Scientist*, pages 42—43; February 1,1997.

第6章

THE FOUR-COLOR PROBLEM. Oystein Ore. Academic Press, 1967.

THE FOUR-COLOR PROBLEM AND THE FIVE-COLOR THEOREM. Anatole Beck, Michael Bleicher, and Donald Crowe in *Excursions Into Mathematics*, Section 6. Worth, 1969.希伍德的2-区地区被重新上色作为扉页,55页有一张希伍德的照片。

THE SOLUTION OF THE FOUR-COLOR-MAP PROBLEM. Kenneth Appel and Wolfgang Haken in *Scientific American*. Vol.237, pages 108—121; October 1977.

HEAWOOD'S EMPIRE PROBLEM. R. Jackson and G. Ringel in *Journal of Combinatorial Theory*, Series B, pages 168—178; 1985.

PEARLS IN GRAPH THEORY: A COMPREHENSIVE INTRODUCTION. Nora Hatsfield and Gerhard Ringel. Academic Press, 1990.

THE RISE AND FALL OF THE LUNAR M-PIRE. Ian Stewart in *Scientific American*, pages 120—121; April 1993.

COLORING ORDINARY MAPS, MAPS OF EMPIRES, AND MAPS OF THE MOON. Joan P. Hutchinson in *Mathematics Magazine*, Vol.66, pages 211—226; October 1993.这篇出色的论文的末尾列出了29本参考文献。

第7章

FINITE GRAPHS AND NETWORKS: AN INTRODUCTION WITH APPLICATIONS. Robert G. Busacker and Thomas L. Saaty. McGraw-Hill Book Company, 1965.

ONE MORE RIVER TO CROSS. T.H. O'Beirne in *Puzzles and Paradoxes*. Oxford University Press, 1965.

STRUCTURAL MODELS: AN INTRODUCTION TO THE THEORY OF DIRECTED GRAPHS. Frank Harary, Robert Z. Norman and Dorwin Cartwright. John Wiley & Sons, Inc., 1965.

THE THEORY OF ROUND ROBIN TOURNAMENTS. Frank Harary and Leo Moser, in *American Mathematical Monthly*, Vol.73, pages 231—246; March 1966.

GRAPH THEORY. Frank Harary. Addison-Wesley, 1969.

TOPLCS ON TOURNAMENTS. J.W. Moon. Holt, 1968.

WHEELS WITH WHEELS. Donald E. Knuth in *Journal of Combinatorial Theory*, Series B, Vol.16, pages 42—46; 1974. 阐述了一种表示紧密联系的分度尺的简单方法。

GRAPHS WITH ONE HAMILTONIAN CIRCUIT. J. Sheehan in *Journal of Graph Theory*, Vol.1 pages 37—43; 1977.

ACHIEVEMENT AND AVOIDANCE GAMES FOR GRAPHS. Frank Harary in *Annuals of Discrete Mathematics*, Vol.13, pages 111—120; 1982.

KINGMAKER, KINGBREAKER AND OTHER GAMES PLAYED ON A TOURNAMENT. Frank Harary in the *Journal of Mathematics and Computer Science*, Mathematics Series, Vol.1, pages 77—85; 1988.

THE JEALOUS HUSBANDS AND THE MISSIONARIES AND CANNIBALS. Ian Pressman and David Singmaster in *The Mathematical Gazette*, Vol.73 pages 73—81; June 1989.

THE FARMER AND THE GOOSE—A GENERALIZATION. Gerald Gannon and Mario Martelli in *The Mathematics Teacher*, Vol.86, pages 202—203; March 1993.

GRAPHS AND DIGRAPHS. Third edition. Gary Chartrand and Linda Lesniak. Wadsworth, 1996.

第8章

COMPLETE CLASSIFICATION OF SOLUTIONS TO THE PROBLEM OF 9 PRISONERS. Alexander Rosa and Charlotte Huang in *Proceedings of the 25th Summer Meeting of the Canadian Mathematical Congress*, pages 553—562; June 1971.

GRAPH DECOMPOSITIONS, HANDCUFFED PRISONERS, AND BALANCED *P*-DESIGNS.

Pavol Hell and Alexander Rosa in *Discrete Mathematics*, Vol.2, pages 229—252; June 1972.

HANDCUFFED DESIGNS. Stephen H. Y. Hung and N.S. Mendelsohn in *Aequationes Mathematicae*, Vol. 11, No. 2/3, pages 256—266; 1974.

ON THE CONSTRUCTION OF HANDCUFFED DESIGNS. J. F. Lawless in *Journal of Combinatorial Theory*, Series A, Vol.16, pages 74—86; 1974.

FURTHER RESULTS CONCERNING THE EXISTENCE OF HANDCUFFED DESIGNS. J. F. Lawless, in *Aequationes Mathematicae*, Vol.11, pages 97—106; 1974.

PROJECTIVE SPACE WALK FOR KIRKMAN'S SCHOOLGIRLS. Sister Rita （Cordia）Ehrmann in *Mathematics Teacher*, Vol.68, No.1, pages 64—69; January 1975.

KIRKMAN'S SCHOOLGIRLS IN MODERN DRESS. E. J. F. Primrose in *The Mathematical Gazette*, Vol. 60, pages 292—293; December 1976.

HANDCUFFED DESIGNS. S. H. Y. Hung and N. S. Mendelsohn in *Discrete Mathematics*, Vol.18, pages 23—33; 1977.

THE NINE PRISONERS PROBLEM. Dame Kathleen Ollerenshaw and Sir Hermann Bondi in *Bulletin of the Institute of Mathematics and Its Applications*, Vol. 14, No.5—6, pages 121—143; May/June 1978.

NEW UNIQUENESS PROOFS FOR THE （5,8,24）, （5,6,12）AND RELATED STEINER SYSTEMS. Deborah J. Bergstrand in *Journal of Combinatorial Theory*, Series A, Vol. 33, pages 247—272; November 1982.

DECOMPOSITION OF A COMPLETE MULTIGRAPH INTO SIMPLE PATHS: NONBALANCED HANDCUFFED DESIGNS. Michael Tarsi in *Journal of Combinatorial Theory*, Series A, Vol. 34, pages 60—70; January 1983.

GENERALIZED HANDCUFFED DESIGNS. Francis Maurin in *Journal of Combinatori-*

al Theory, Series A, Vol. 46, pages 175—182; November 1987.

第9章

THE THEORY OF GROUPS. Marshall Hall, Jr. Macmillan, 1959.

FINITE GROUPS. Daniel Gorenstein. Harper and Row, 1968.

THE FASCINATION OF GROUPS. F. J. Budden. Cambridge, 1972.

THE SEARCH FOR FINITE SIMPLE GROUPS. Joseph A. Gallian in *Mathematics Magazine.* Vol. 49, No. 4, pages 163—180; September 1976.

GROUPS AND SYMMETRY. Jonathan L. Alperin in *Mathematics Today*, edited by Lynn Arthur Steen. Springer-Verlag, 1978.

A MONSTROUS PIECE OF PESEARCH. Lynn Arthur Steen in *Science News*, Vol.118, pages 204—206; September 27, 1980.

THE FINITE SIMPLE GROUPS AND THEIR CLASSIFICATION. Michael Aschbacher. Yale, 1980.

MONSTERS AND MOONSHINE. John Conway in *The Mathematical Intelligencer*, Vol.2, pages 165—171; 1980.

FINITE SIMPLE GROUPS. Daniel Gorenstein. Plenum, 1982.

THE CLASSIFICATION OF FINITE SIMPLE GROUPS, Vols. 1 and 2. Daniel Gorenstein. Plenum, 1983.

ATLAS OF FINITE GROUPS. R.T. Curtis, S. P. Norton, R. A. Parker, and R.A. Wilson. Clarendon, 1985.

THE ENORMOUS THEOREM. Daniel Gorenstein in *Scientific American*, pages 104—115; December 1985.

TEN THOUSAND PAGES TO PROVE SIMPLICITY. Mark Cartwright in *New Scientist*, Vol.106, pages 26—30; May 30, 1985.

DEMYSTIFYING THE MONSTER. Ian Stewart in *Nature*, Vol.319, pages 621—622; February 20, 1986.

ARE GROUP THEORISTS SIMPLEMINDED? Barry Cipra in *What's Happening in the Mathematical Sciences*, Vol. 3. American Mathematical Society, 1996.

A HUNDRED YEARS OF FINITE GROUP THEORY. Peter M. Neumann in *The Mathematical Gazette*, pages 106—118; March 1996.

第10章

SQUARE CIRCLES. Francis Sheid in *The Mathematics Teacher*, Vol. 54, No.5, pages 307—312; May 1961.

SQUARE CIRCLES. Michael Brandley, in *The Pentagon*, pages 8—15; Fall 1970.

TAXICAB GEOMETRY—A NON-EUCLIDEAN GEOMETRY OF LATTICE POINTS. Donald R. Byrkit in *The Mathematics Teacher*, Vol.64, No.5, pages 418—422; May 1971.

TAXICAB GEOMETRY. Eugene F. Krause. Addison-Wesley Publishing Company, 1975. Dover reprint 1986.

TAXICAB GEOMETRY. Barbara E. Reynolds in *Pi Mu Epsilon Journal*, Vol. 7, No. 2, pages 77—88; Spring 1980.

PYRAMIDAL SECTIONS IN TAXICAB GEOMETRY. Richard Laatsch in *Mathematics Magazine*, Vol. 55, pages 205—212; September 1982.

LINES AND PARABOLAS IN TAXICAB GEOMETRY. Joseph M. Moser and Fred Kramer in *Pi Mu Epsilon Journal*, Vol.7, pages 441—448; Fall 1982.

TAXICAB GEOMETRY: ANOTHER LOOK AT CONIC SECTIONS. David Iny in *Pi Mu Epsilon Journal*, Vol.7, pages 645—647; Spring 1984.

THE TAXICAB GROUP. Doris Schattschneider in *American Mathematical Monthly*, Vol. 91, pages 423—428; August-September 1984.

TAXICAB TRIGONOMETRY. Ruth Brisbin and Paul Artola in *Pi Mu Epsilon Journal*, Vol.8, pages 89—95; Spring 1985.

A FOURTH DIMENSIONAL LOOK INTO TAXICAB GEOMETRY. Lori J. Mertens in *Journal of Undergraduate Mathematics*, Vol.19, pages 29—33; March 1987.

TAXICAB GEOMETRY—A NEW SLANT. Katye O. Sowell in *Mathematics Magazine*, Vol.62, pages 238—248; October 1989.

KARL MENGER AND TAXICAB GEOMETRY. Louise Golland in *Mathematics Magazine*, Vol.63, pages 326—327; October 1990.

第11章

THE PIGEONHOLE PRINCIPLE: "THREE INTO TWO WON'T GO." Richard Walker in *The Mathematical Gazette*. Vol.61, No.415, pages 25—31; March 1977.

EXISTENCE OUT OF CHAOS. Sherman K. Stein in *Mathematical Plums· The Dolciani Mathematical Expositions*. No. 4, edited by Ross Honsberger. The Mathematical Association of America, 1979.

THE PIGEONHOLE PRINCIPLE. Kenneth R. Rebman in *The Two - Year - College Mathematics Journal*, mock issue, pages 4—12; January 1979.

PIGEONS IN EVERY PIGEONHOLE. Alexander Soifer and Edward Lozansky in

Quantum, pages 25—26, 32; January 1990.

No Vacancy. Dominic Olivastro in *The Sciences*, pages 53—55; September/October 1990.

Applications of the Pigeon-hole Principle. Kiril Bankov in *The Mathematical Gazette*, Vol. 79, pages 286—292; May 1995.

责任编辑 李 凌

封面设计 戚亮轩

马丁·加德纳数学游戏全集

纽结与出租车几何学

[美]马丁·加德纳 著

谈祥柏 谈 欣 译

上海科技教育出版社有限公司出版发行

（上海市柳州路218号　邮政编码200235）

www.sste.com　　www.ewen.co

各地新华书店经销　常熟华顺印刷有限公司印刷

ISBN 978-7-5428-7245-6/O·1112

图字09-2009-640号

开本720×1000　1/16　印张13.25

2020年7月第1版　2020年7月第1次印刷

定价:45.00元